颠覆性技术与战术变革

宋广收　著

电子工业出版社

Publishing House of Electronics Industry

北京 · BEIJING

内 容 简 介

当今时代，颠覆性技术涌现效应日益凸显，呈现多点链式突破、交叉融合渗透、群体联动跃进的态势，已成为驱动战术变革的强力引擎。本书深入研究了颠覆性技术涌现背景下战术"为何变""向哪变""怎么变"等问题，深刻揭示了颠覆性技术引发战术变革的内在机理和主要规律，从宏观上提出了战术变革的总体趋向——自主交互集群战术，从微观上重点探究了战斗部署方法、战斗指挥模式、战斗协同方式、战斗行动方法和战斗保障模式的深刻变革。

图书在版编目（CIP）数据

颠覆性技术与战术变革 / 宋广收著. —北京：电子工业出版社，2021.10
ISBN 978-7-121-41961-4

Ⅰ. ①颠… Ⅱ. ①宋… Ⅲ. ①军事技术－影响－战术－研究 Ⅳ. ①E9②E83

中国版本图书馆 CIP 数据核字（2021）第 184644 号

责任编辑：张正梅　　特约编辑：白天明
印　　刷：北京虎彩文化传播有限公司
装　　订：北京虎彩文化传播有限公司
出版发行：电子工业出版社
　　　　　北京市海淀区万寿路 173 信箱　　邮编：100036
开　　本：720×1000　1/16　印张：10.75　字数：170 千字
版　　次：2021 年 10 月第 1 版
印　　次：2024 年 1 月第 4 次印刷
定　　价：88.00 元

前言 / *Introduction*

恩格斯曾指出："一旦技术上的进步可以用于军事目的并且已经用于军事目的，它们便立刻几乎强制地，而且往往是违反指挥官的意志引起作战方式上的改变甚至变革。"在当今时代，颠覆性技术的涌现效应日益凸显，呈现多点链式突破、交叉融合渗透、群体联动跃进的态势，已成为驱动战术变革的强力引擎。本书以颠覆性技术引发战术变革为主题，以世界主要国家和军队颠覆性技术发展路线图为参照，以未来5～15年（2035年前）战术的发展趋向为研究重点，利用文献研究法、交叉研究法、定性分析法、系统科学法、比较研究法等方法，深入研究颠覆性技术涌现背景下战术"为何变""向哪变""怎么变"等问题，以期为信息化智能化迭代期的战术理论创新研究"抛砖引玉"。

本书在分析国内外颠覆性技术与战术变革研究现状的基础上，从战术变革的角度，以历史的眼光重新审视和归纳梳理颠覆性技术的内涵要义、主要特征和构成要素。在对颠覆性技术引发战术变革历史考察的基础上，深入分析和探究颠覆性技术引发战术变革的内在机理和主要规律。基于上述规律，着眼颠覆性技术的未来发展动向，深入研究颠覆性技术涌现背景下战术变革的总体趋向，从宏观上给未来战术"画像"，提出自主交互集群战术，并阐述其基本内涵和技术动因。其中，感知智能向认知智能迈进是实现自主的技术动因，万物互联向万物智联跃升是实现交互的技术动因，有人系统向无人系统演进是实现集群的技术动因。

在宏观考察颠覆性技术涌现背景下战术变革的总体趋向基础上，根据战术的内容要素，从微观上重点探究颠覆性技术驱动下战斗部署方法、战斗指挥模式、战斗协同方式、战斗行动方法和战斗保障模式的深刻变革。其中，在战斗部署方法上，主要表现为智能集群式柔性编组、智联广域化离散配置、智配动态式任务区分；在战斗指挥模式上，主要表现为人工遥控式指挥、人机共融式指挥、智能自主式指挥；在战斗协同方式上，主要表现为辅助操控式协同、交互伴随式协同、无人自主式协同；在战斗行动方法上，主要表现为全域泛在感知、跨域远程机动、智能集群攻击、联动自主防卫；在战斗保障模式上，主要表现为可视精准式保障、智达配送式保障、自主伴随式保障、智享融合式保障。

本书在撰写过程中参考和引用了许多从事颠覆性技术和战术理论研究的相关专家的成果，正是因为站在了这些专家的"肩膀"上，作者才能看得更远、思考得更深入。在此向各位专家表示诚挚的谢意！

颠覆性技术发展日新月异，颠覆性技术驱动下的战术理论创新永无止境。希望通过本书，能够给读者提供思想上的启发，促使更多的同行和相关领域的专业人员关注战术理论的研究，不断推动战术理论体系的创新与发展。由于作者学术水平有限，书中错误和疏漏之处在所难免，恳请广大读者批评指正，不吝赐教。

宋广收

2021 年 5 月于南京

目 录　Contents

第1章　绪论 ··· 1

  1.1　问题的提出及选题的依据 ··· 2

  1.2　研究目的和意义 ··· 3

  1.3　研究的现状 ··· 5

    1.3.1　国内研究现状 ··· 5

    1.3.2　国外研究现状 ·· 15

    1.3.3　研究现状述评 ·· 23

  1.4　研究的范围、思路和方法 ·· 24

    1.4.1　研究的范围 ·· 24

    1.4.2　研究的思路 ·· 25

    1.4.3　研究的方法 ·· 26

第2章　战术变革视野下颠覆性技术的重新审视 ················ 28

  2.1　颠覆性技术的内涵要义 ·· 28

  2.2　颠覆性技术的主要特征 ·· 33

    2.2.1　创新形态的超越性和替代性 ······························ 33

    2.2.2　作用效能的革命性和破坏性 ······························ 34

2.2.3 形成机理的涌现性和群体性 ································ 34

2.2.4 影响效果的时代性和时效性 ······························ 35

2.2.5 培育应用的风险性和不确定性 ·························· 35

2.2.6 发展演变的渐进性和不平衡性 ·························· 36

2.3 颠覆性技术的构成要素 ·· 36

2.3.1 颠覆性打击技术 ·· 37

2.3.2 颠覆性防护技术 ·· 40

2.3.3 颠覆性机动技术 ·· 42

2.3.4 颠覆性信息技术 ·· 43

第3章 颠覆性技术引发战术变革的历史考察 ··················· 46

3.1 金属冶炼技术及其催生的阵式战术 ························· 46

3.2 火药制作技术及其催生的线式战术、纵队战术和散兵线战术 ··· 49

3.3 动力机械技术及其催生的机械化条件下的合同战术 ········· 53

3.4 原子核反应技术及其催生的核武器条件下的合同战术 ······· 56

3.5 精确制导技术及其催生的高技术条件下的合同战术 ········· 58

3.6 网络信息技术及其催生的信息化条件下的合同战术 ········· 60

第4章 颠覆性技术引发战术变革的内在机理 ··················· 63

4.1 人的改变 ··· 64

4.1.1 人的思想观念的改变 ······································· 64

4.1.2 人的组成结构的改变 ······································· 65

4.1.3 人的指挥工具的改变 ······································· 66

4.1.4 人的交互方式的改变 ······································· 67

4.2 武器装备的改变 ··· 68

4.2.1 武器装备打击能力的跃升 ································· 68

4.2.2 武器装备自主能力的涌现 ································· 71

4.2.3 武器装备不同能力的融合 ································· 73

第5章　颠覆性技术引发战术变革的规律探究 ············· 76

　5.1　首要因素决定规律 ·································· 76

　5.2　主战装备主导规律 ·································· 79

　5.3　变革进程快慢规律 ·································· 82

　5.4　变革周期长短规律 ·································· 85

　5.5　变革反馈作用规律 ·································· 87

第6章　颠覆性技术涌现背景下战术变革的总体趋向——自主交互

集群战术 ··· 90

　6.1　自主交互集群战术的基本内涵 ···················· 91

　6.2　自主交互集群战术的技术动因 ···················· 93

　　6.2.1　自主的技术动因——感知智能向认知智能迈进 ····· 93

　　6.2.2　交互的技术动因——万物互联向万物智联跃升 ····· 103

　　6.2.3　集群的技术动因——有人系统向无人系统演进 ····· 112

第7章　颠覆性技术驱动下战术体系内的要素变革 ········· 121

　7.1　战斗部署方法变革 ································· 121

　　7.1.1　智能集群式柔性编组 ························· 122

　　7.1.2　智联广域化离散配置 ························· 123

　　7.1.3　智配动态式任务区分 ························· 125

　7.2　战斗指挥模式变革 ································· 127

　　7.2.1　人工遥控式指挥 ··························· 127

　　7.2.2　人机共融式指挥 ··························· 128

　　7.2.3　智能自主式指挥 ··························· 129

　7.3　战斗协同方式变革 ································· 133

　　7.3.1　辅助操控式协同 ··························· 133

　　7.3.2　交互伴随式协同 ··························· 135

　　7.3.3　无人自主式协同 ··························· 137

7.4 战斗行动方法变革 ·········· 139

    7.4.1 全域泛在感知 ·········· 139

    7.4.2 跨域远程机动 ·········· 140

    7.4.3 智能集群攻击 ·········· 142

    7.4.4 联动自主防卫 ·········· 143

7.5 战斗保障模式变革 ·········· 145

    7.5.1 可视精准式保障 ·········· 145

    7.5.2 智达配送式保障 ·········· 146

    7.5.3 自主伴随式保障 ·········· 148

    7.5.4 智享融合式保障 ·········· 149

第8章 总结与展望 ·········· 151

8.1 本书主要结论 ·········· 151

8.2 本书主要创新点 ·········· 152

8.3 尚待进一步研究的问题 ·········· 153

参考文献 ·········· 154

第 1 章

绪　　论

科学技术是第一生产力。第一次科技革命以来，人类在经历了蒸汽时代、电气时代、信息化时代后，正阔步走向智能化时代。未来 5～15 年，将是信息化智能化迭代期[①]。当前，以人工智能技术为代表的颠覆性技术日益成为全球关注和抢占的"新高地"。近年来，以美国为代表的世界多个国家已发布了颠覆性技术发展战略，美国国防部将颠覆性技术称为"改变游戏规则的技术"。在十九大报告中强调，"突出关键共性技术、前沿引领技术、现代工程技术、颠覆性技术创新"[1]31。2016 年 5 月，中共中央、国务院印发的《国家创新驱动发展战略纲要》指出，"颠覆性技术不断涌现，正在重塑世界竞争格局、改变国家力量对比"[2]。2016 年 8 月，国务院印发的《"十三五"国家科技创新规划》提出"发展引领产业变革的颠覆性技术"[3]。当今时代，颠覆性技术涌现效应日益凸显，当今时代，颠覆性技术涌现效应日益凸显。由恩格斯"技术决定战术"[4]179 的著名论断可以得出，颠覆性技术必然引发战术的颠覆性变革。颠覆性技术必然引发战术的颠覆性变革。深入研究颠覆性技术涌现背景下战术"为何变""向哪变""怎么变"等问题，搞

[①] "未来 5～15 年"这一时间区间以及信息化智能化迭代期是本书研究的时代定位。具体理由在"1.4.2 研究的思路"中阐述。

清颠覆性技术引发战术变革的内在机理、主要规律和未来走向，可为我军战术理论创新发展提供有力支撑。

1.1 问题的提出及选题的依据

列宁曾指出，"战术是由军事技术水平决定的，——这一真理恩格斯曾向马克思主义者作过通俗而详尽的解释。"[5]105 军事家伏龙芝曾说过，"任何战术都只适用于一定的历史阶段；如果武器改进了，技术有了新的进步，那么军事组织的形式、军队指挥的方法也会随之改变。"[6]列宁、伏龙芝的观点，与恩格斯"技术决定战术"的思想本质上是一致的。

随着以人工智能技术为代表的颠覆性技术的群体涌现和迅猛发展，人类正由机械化时代、信息化时代加快迈入智能化时代。颠覆性技术在军事领域的广泛应用，不断推动智能化、无人化武器装备和平台的创新发展和作战运用，使得战争形态由机械化战争、信息化战争向智能化战争转变。

遵循"技术决定战术"这一规律，颠覆性技术以其"颠覆性"的鲜明特征，究竟会引发战术哪些革命性的变化？促使战术变革的内在机理、主要规律和技术动因是什么？又会驱动战术走向何方？这些都是需要认真研究和深入探讨的现实问题。

针对上述问题的提出，本书选题的依据主要基于以下"三个着眼"：

一是着眼贯彻落实新时代军事战略方针。2019 年 7 月，《新时代的中国国防》白皮书指出，贯彻落实新时代军事战略方针，要积极适应现代战争新形态[7]。随着颠覆性技术的群体涌现，武器装备智能化、无人化、自主化趋势更加凸显，"战争形态加速向信息化战争演变，智能化战争初现端倪"[7]。新时代军事战略方针，为颠覆性技术创新发展提出了新需求，为战术变革指明了新方向，为本书研究提供了新指南。

二是着眼加快推进陆军转型建设。2016 年 7 月 27 日，习近平主席视察陆军机关时强调，"按照机动作战、立体攻防的战略要求，在新的起点上加快推进陆军转型建设，努力建设一支强大的现代化新型陆军"[8]。要按照习主席"陆军全体指战员要强化使命担当，增强忧患意识，抓住难得机遇，加快把陆军转型建设搞上去"[8]的重要指示，在战术变革层面找准目标思路和方法路径，加强理论研究攻关、抓紧深化细化落实、加快成果转化运用，尽早实现我陆军由机械化、信息化向智能化的跨越式发展。

三是着眼我军战术理论创新发展。近年来，我国出台的《国家创新驱动发展战略纲要》《"十三五"国家科技创新规划》《新一代人工智能发展规划》[9]《中共中央关于制定国民经济和社会发展第十四个五年规划和二〇三五年远景目标的建议》[10]等文件中，均明确提出了加强颠覆性技术创新。颠覆性技术的不断涌现和群体跃进，必然加快战术变革进程。战术是进行战斗的方法，内容包括战斗原则，战斗部署、战斗指挥、战斗协同、战斗行动的方法，以及各种保障措施等。根据战术的基本概念和内容要素，在颠覆性技术群体驱动下，战斗部署、战斗指挥、战斗协同、战斗行动和战斗保障方法将发生全局性、系统性、颠覆性的改变和革新。对上述战术不同内容范畴变革问题的研究和探讨，将不断推动我军战术理论创新发展。

1.2 研究目的和意义

本书研究目的是，从战术变革的角度，以历史的眼光重新审视颠覆性技术的内涵要义、主要特征和构成要素，以代表性的颠覆性技术演变为脉络深入考察颠覆性技术引发战术变革的历史轨迹，从深层次上揭示颠覆性技术与战术变革相互联系、相互作用的底层逻辑和微观原理，搞清颠覆性技术引发战术变革的内在机理和主要规律。在规律的指引下，深入分析颠覆性技术的发展动向，首先从宏观上给未来战术"画像"，研究提出颠覆性技术涌现背景下战术变革的总体趋向；然后再根据战术的内容要素，从微观上重点探究颠覆性技术驱动下战斗部署方法、战斗指挥模式、战斗协同方式、战斗行动方法和战斗保障模式的深刻变革。通过整体立意和局部刻画，真正把准战术变革趋向。

研究颠覆性技术引发战术变革问题，对于我军探究战术变革规律、把准战术变革趋向、加快战术变革进程，具有重要的现实意义。主要表现在三个方面：

第一，研究颠覆性技术引发战术变革是我军"能打胜仗"的需要。"能打仗、打胜仗"是推进中国特色军事变革的核心牵引。当今时代，新军事变革风起云涌，智能化浪潮蓬勃兴起。颠覆性技术的突破性发展和战争形态的革命性变化，对世界政治和军事格局将产生重大影响，我军建设将面临前所未有的历史机遇和严峻挑战，形势逼人、不进则退。在机遇和挑战并存的时代背景下，我们要围绕"能打仗、打胜仗"强军之要，密切跟踪颠覆性技术发展动向，深入研究战术变革趋向，使我军在未来智能化战争中立于不败之地。

第二，研究颠覆性技术引发战术变革是牵引我军武器装备发展的需要。战术发展史表明，颠覆性技术和其物化的武器装备，历来是引发战术变革的诸因素中最具决定性的因素。以人工智能技术为代表的颠覆性技术群体涌现，将会促使新型智能化、无人化系统走上战场，进而引发战术的深刻变革。这就要求我们敏锐跟踪颠覆性技术发展动向，紧盯瞄准颠覆性技术发展前沿，超前谋划颠覆性技术发展布局，加快研发智能化、无人化、自主化武器装备和平台，升级换代现有武器装备和平台，淘汰老旧装备和平台，以适应未来战场要求。

第三，研究颠覆性技术引发战术变革是我军战术理论创新发展的需要。理论是行动的先导。与时俱进的战术理论是指导战斗行动的指南。随着智能化的无人自主系统登上战争舞台，传统的战术理论已不适用于未来智能化战争。正如恩格斯所言，"技术"有了发展进步，"战术"必然随之改变。这就迫切需要我们深入分析颠覆性技术的本质特征和发展动向，前瞻性研究颠覆性技术涌现背景下战术"为何变""向哪变""怎么变"等问题，不断丰富、发展和完善我军战术理论，形成滚动发展、动态更新的战术理论体系。从这一意义上讲，本书研究具有一定的理论开拓性和实践指导性，是我军战术理论前沿探索的一次有益尝试。

1.3 研究的现状

本书研究的主题是颠覆性技术引发战术变革。颠覆性技术是"因",战术变革是"果"。先因后果是因果关系的特点之一。为了把"果"弄清楚,应首先把"因"搞明白。因此,在研究国内外现状时,首先研究颠覆性技术发展现状,然后研究颠覆性技术引发战术变革现状,最后对研究现状进行述评。

1.3.1 国内研究现状

1. 国内颠覆性技术的研究现状

1)从国家层面重视颠覆性技术创新

根据近年来我国公开颁布印发的一系列意见、规划和纲要等文件,以及党和国家领导人在一些重要公开场合的讲话,可以看出我国已从国家层面重视颠覆性技术创新。

关于颠覆性技术创新的主要文件有:2013 年 2 月,国务院印发《关于推进物联网有序健康发展的指导意见》[11];2015 年 1 月,国务院印发《关于促进云计算创新发展培育信息产业新业态的意见》[12];2015 年 9 月,国务院印发《促进大数据发展行动纲要》[14];2016 年 3 月,我国发布《国民经济和社会发展第十三个五年规划纲要》[15];2016 年 5 月,中共中央、国务院印发《国家创新驱动发展战略纲要》[2];2016 年 7 月,中共中央办公厅、国务院办公厅印发《国家信息化发展战略纲要》[16];2016 年 8 月,国务院印发《"十三五"国家科技创新规划》[3];2016 年 12 月,国务院印发《"十三五"国家战略性新兴产业发展规划》[17];2016 年 12 月,国务院印发《"十三五"国家信息化规划》[18];2017 年 7 月,国务院印发《新一代人工智能发展规划》[9];2019 年 8 月,科技部印发《国家新一代人工智能开放创新平台建设工作指引》[19]；2020 年 5 月，工业和信息化部办公厅印发《关于深入推进移动物联网全面发展的通知》[20]；2020 年 10 月，中共十九届五中全会审议通过《中共中央关于制定国民经济和社会发展第十四个五年规划和二〇三五年远景目标的建议》[10]。

特别是在《国民经济和社会发展第十三个五年规划纲要》中，提出"更加重视原始创新和颠覆性技术创新"[15]。在《国家创新驱动发展战略纲要》中，提出"高度关注可能引起现有投资、人才、技术、产业、规则'归零'的颠覆性技术，前瞻布局新兴产业前沿技术研发"[2]。在《"十三五"国家科技创新规划》中，提出"发展引领产业变革的颠覆性技术""重点开发移动互联、量子信息、人工智能等技术，推动增材制造、智能机器人、无人驾驶汽车等技术的发展，重视基因编辑、干细胞、合成生物、再生医学等技术对生命科学、生物育种、工业生物领域的深刻影响，开发氢能、燃料电池等新一代能源技术，发挥纳米技术、智能技术、石墨烯等对新材料产业发展的引领作用"[3]。在《中共中央关于制定国民经济和社会发展第十四个五年规划和二〇三五年远景目标的建议》中，提出"加速战略性前沿性颠覆性技术发展，加速武器装备升级换代和智能化武器装备发展"[10]。

党和国家领导人在一些重要公开场合的讲话中，对颠覆性技术创新发展作出了重要指示和明确要求。2016 年 5 月 30 日，习近平主席在全国科技创新大会、两院院士大会、中国科协第九次全国代表大会上作了题为"为建设世界科技强国而奋斗"的重要讲话，强调"一些重大颠覆性技术创新正在创造新产业新业态，信息技术、生物技术、制造技术、新材料技术、新能源技术广泛渗透到几乎所有领域，带动了以绿色、智能、泛在为特征的群体性重大技术变革"[21]。2017 年 8 月 1 日，习近平主席在庆祝中国人民解放军建军90 周年大会上的讲话中指出，"要全面实施科技兴军战略，坚持自主创新的战略基点，瞄准世界军事科技前沿，加强前瞻谋划设计，加快战略性、前沿性、颠覆性技术发展，不断提高科技创新对人民军队建设和战斗力发展的贡献率"[22]。2017 年 10 月 18 日，习近平总书记在十九大报告中强调，"突出关键共性技术、前沿引领技术、现代工程技术、颠覆性技术创新"[1]31。2018 年

5 月 28 日，习近平总书记在中国科学院第十九次院士大会、中国工程院第十四次院士大会上的讲话中指出，"要增强'四个自信'，以关键共性技术、前沿引领技术、现代工程技术、颠覆性技术创新为突破口，敢于走前人没走过的路，努力实现关键核心技术自主可控，把创新主动权、发展主动权牢牢掌握在自己手中"[23]。

2）颠覆性技术研究成果数量位居前列

近年来，我国颠覆性技术研究成果的数量已经位居世界前列，并呈逐年快速递增态势，充分展示了我国颠覆性技术研究的实力和水平。

以人工智能为例，我国研究人员在国际上公开发表的人工智能领域专业论文和高被引论文数量逐年增多。近 10 年来，我国论文发表总量位居世界第一，高被引论文数量位居世界第二。2009—2018 年，我国和美国的人工智能论文占比分别为 22.7%、20.4%，高被引论文数量占比分别为 35.6%、38.6%[24]。从世界范围看，我国人工智能在政府支持、领军企业、创业投资等方面均有明显优势。国际知名智库赛迪顾问和百度公司联合发布的调研报告指出，在人工智能领域，全球已显现中美"双雄"格局[25]101。

目前，我国已经掀起了颠覆性技术研究的热潮，理论著作、学术论文、学位论文等纷纷出版和发表，这些均体现了我国在颠覆性技术研究方面的最新理论创新和实践应用成果。

国内公开出版的研究颠覆性技术的代表性著作有：中国科学院颠覆性技术创新研究组编著的《颠覆性技术创新研究：信息科技领域》[25]；李平编著的《颠覆性创新的机理性研究》[26]；李刚等编著的《颠覆性技术创新：理论与中国实践》[27]。此外，还有专门研究人工智能、大数据、云计算、物联网、增材制造等颠覆性技术的相关著作。例如，周志敏、纪爱华编著的《人工智能：改变未来的颠覆性技术》[28]；石海明、贾珍珍编著的《人工智能颠覆未来战争》[29]；董西成编著的《大数据技术体系详解：原理、架构与实践》[30]；林康平、王磊编著的《云计算技术》[31]；宋航编著的《万物互联：物联网核心技术与安全》[32]；魏青松主编的《增材制造技术原理及应用》[33]。

国内期刊公开发表的研究颠覆性技术的代表性学术论文有：王志勇、党晓玲、刘长利、曹敏发表的"颠覆性技术的基本特征与国外研究的主要做法"（《国防科技》，2015 年第 3 期）[34]；朱小宁发表的"以颠覆性技术夺取军事竞争制高点"（《中国国防报》第 4 版，2017 年 5 月 18 日）[35]；孙永福等发表的"引发产业变革的颠覆性技术内涵与遴选研究"（《中国工程科学》，2017 年第 5 期）[36]；詹璇、贾道金发表的"颠覆性技术如何改变战争规则"（《解放军报》第 11 版，2017 年 6 月 23 日）[37]；王超、许海云、方曙发表的"颠覆性技术识别与预测方法研究进展"（《科技进步与对策》，2018 年第 9 期）[38]；张守明、张斌、张笔峰发表的"颠覆性技术的特征与预见方法"（《科技导报》，2019 年第 19 期）[39]；吴集、刘书雷发表的"探索智能化时代颠覆性技术与新军事变革发展"（《国防科技》，2019 年第 6 期）[40]；李宪港、张元涛、王方芳发表的"颠覆性技术如何改变后装保障"（《解放军报》第 7 版，2020 年 1 月 9 日）[41]。

研究颠覆性技术的代表性学位论文有：许泽浩撰写的博士论文《颠覆性技术的选择及管理对策研究》（广东工业大学，2017 年）[42]；孟文蕾撰写的硕士论文《颠覆性技术及其影响研究》（中国矿业大学，2016 年）[43]；赵格撰写的硕士论文《基于多源异构数据的颠覆性技术识别》（华中科技大学，2017 年）[44]；伍霞撰写的硕士论文《颠覆性技术扩散模型构建及影响趋势分析研究》（江苏科技大学，2018 年）[45]；谭晓萌撰写的硕士论文《颠覆性技术创新研究》（郑州大学，2019 年）[46]。

3）从跟跑向并跑、领跑转变步伐加快

颠覆性技术具有的超越性和替代性特征为后发国家跨越发展、赶超先进和赢得未来提供了重要条件与机遇。经过我国科研人员的协作攻关和接续奋斗，我国在颠覆性技术领域取得了多项突破性成就。

一是组建颠覆性技术创新研究团队和机构。为抢占战略竞争制高点，提升核心竞争力，中国科学院组建了"颠覆性技术创新研究组"，中国工程院组建了"颠覆性技术发展路径研究咨询项目组"，开展颠覆性技术基础理论和实践应用研究工作。国内多所高校纷纷成立了人工智能研究院，积极推进大跨度的学科交叉融合。为落实关于设立国家科技创新——2030 重大项目的战略部署，我国成立了北京脑科学与类脑研究中心，以加强基础研究、推动原始创新，为颠覆性技术突破发展提供源动力。

二是颠覆性技术群体呈现多点链式突破态势。目前，我国颠覆性技术群体涌现态势凸显，不仅多项颠覆性技术取得了突破性进展，而且颠覆性技术之间实现了促进发展和协同发展。就人工智能技术而言，正加速向认知智能、强人工智能方向发展。在人工智能芯片方面，我国人工智能芯片已在 ASIC（针对 AI 应用开发的专用集成电路）芯片领域集中布局，部分领域已处于世界领先地位，在 GPU（图形处理器）和 FPGA（现场可编程门阵列）领域不断实现赶超；在人工智能算法方面，我国人工智能算法不断实现优化拓展，助力解决图像识别、语音识别和人机交互等人工智能相关任务；在数据和算力支撑方面，我国大数据和云计算关键技术不断取得突破，有力驱动人工智能应用快速落地。人工智能技术的创新发展，不但促进了其他颠覆性技术的快速突破，而且实现了自身的迭代更新。此外，我国在物联网、区块链、移动互联、3D 打印、新能源、新材料等颠覆性技术领域也取得了诸多突破性进展。

三是国内科技企业加大产业战略布局。目前，华为、百度、阿里、京东、腾讯、科大讯飞等国内科技企业围绕主业开展布局，以核心基础技术为突破，构建从技术开发到行业应用的完整生态体系，逐步缩小与国际巨头企业的差距。华为致力于面向云端和终端的人工智能芯片研发，推动 5G 走向世界。百度聚焦人工智能产业，打造核心竞争力。阿里依托阿里云，实现人工智能与服务方式深度融合。京东利用自主无人平台，打造智能物流。腾讯基于专业实验室和核心业务，实现人工智能场景的多领域应用。科大讯飞专注于语音识别技术，实现技术与产品的匹配结合。

四是个别核心技术的国际专利申请数量处于引领地位。2017 年，我国人工智能的国际专利申请数量超过美国，排名世界第一，占 37.1%；美国排名第二，占 24.8%；日本排名第三，占 13.1%。2017 年以来，我国一直保持人工智能国际专利数量第一的位置[24]。人工智能技术作为颠覆性技术群的核心技术，其研究水平和地位决定了颠覆性技术群的整体发展态势。此外，在 5G 领域，我国提出的国际标准文本数量约占全球 1/3，我国拥有的专利数量排名世界第一，华为是全球获得 5G 专利最多的企业[47]。

五是部分技术领域已达到世界先进水平。我国在语音识别、量子通信、量子计算、智能芯片等领域已崭露头角，部分技术领域已达到世界先进水平。在语音识别领域。科大讯飞以语音识别技术为核心，利用深度神经网络、云计算、大数据等技术，不断拓展语言识别种类。2018 年 7 月，科大讯飞在国际语音合成大赛中，在相似度、自然度、错误率和段落总体感觉 4 项测评中获得了全能冠军，达到世界领先水平[48]111。在量子通信领域，2017 年 9 月，我国开通了世界首条量子保密通信干线——"京沪干线"，并利用"京沪干线"与"墨子号"天地链路，实现了洲际量子保密通信，标志着我国已构建出世界上首个天地一体化广域量子通信网络雏形[49]。2020 年 3 月，济南量子技术研究院与中国科学技术大学合作，实现了 509 千米真实环境光纤的双场量子密钥分发，创造了量子密钥分发最远传输距离新的世界纪录[50]。在量子计算领域，经过我国相关科研单位联合攻关，2020 年 12 月构建了 76 个光子的量子计算原型机"九章"。该量子计算系统处理"高斯玻色取样"①的速度比目前最快的超级计算机"富岳"快 100 万亿倍，等效速度比 2019 年谷歌发布的 53 个超导比特量子计算原型机"悬铃木"快 100 亿倍[51]。在智能芯片领域，我国已涌现出华为、寒武纪、百度、芯原等 20 余家人工智能芯片企业。2016 年 3 月，中国科学院计算技术研究所发布了全球首个深度学习神经网络处理器芯片[52]。2019 年 6 月，寒武纪推出第二代云端智能芯片"思元 270"，华为发布智能芯片"麒麟 810"；同年 7 月，百度发布语音交互芯片"鸿鹄"[53]。

---

① 高斯玻色取样是一个计算复杂度极高的数学算法。量子计算领域的科学家将求解该算法的速度作为衡量指标，以评价量子计算机的计算速度。

4）存在不容忽视的矛盾问题和短板弱项

虽然我国在颠覆性技术创新上取得了令人瞩目的成就，但是与世界发达国家相比，与我国现代化建设要求相比，目前仍然存在一些不容忽视的矛盾问题和短板弱项。

一是颠覆性技术创新的有效机制尚未真正建立。在组织机构和制度建设上，培育形成颠覆性技术创新的常态化机制是世界主要军事大国的普遍做法。美国国防高级研究计划局（DARPA）就是开展颠覆性技术创新的典型机构代表。目前，我国由军队牵头的跨军地、跨部门、跨领域的颠覆性技术研究机构还未建立，颠覆性技术预警机制还不健全，颠覆性技术预见方法和模型还不完善，颠覆性技术创新的配套政策制度和法规体系还未构建。上述问题的存在，将在顶层设计上影响我国颠覆性技术创新布局。

二是支撑颠覆性技术创新的基础研究相对薄弱。实践表明，基础研究的突破是颠覆性技术创新的源动力。目前我国在基础研究方面的原创成果数量总体偏少，在很大程度上制约了颠覆性技术创新发展。以人工智能技术为例，中国科学院院士、清华大学人工智能研究院院长张钹教授曾指出，人工智能领域的原创成果几乎都是美国人做出来的，人工智能领域图灵奖得主共11人，其中10个是美国人[54]。再如，我国研究人员发表人工智能论文的数量和平均引用率较高，但单篇最高引用率和顶级水平差距较大，而这个指标恰恰反映的是原创能力。从"0到1"的原始创新需要以扎实的基础研究为支撑。此外，我国基础研究经费投入相对不足。据统计，2019年我国基础研究、应用研究和试验发展经费所占比重分别达到6.0%、11.3%和82.7%[55]，基础研究经费占比偏低问题仍较突出。上述问题的存在，将在底层上影响我国颠覆性技术创新自主权的归属。

三是引领颠覆性技术创新的科技人才缺口较大。人才兴则科技兴。颠覆性技术创新是一个从量变到质变的长期过程，从发现培育到应用落地，最关键的因素是人才。中国科学技术协会最新发布的研究报告显示，2018年年底，我国科技人力资源总量达10154.5万人，规模保持世界第一[56]，但顶尖人才、领军人才相对匮乏，能跻身世界前沿、参与国际竞争的世界级大师更为稀缺。此外，总体上看，我国高级别、高学历"中间层"骨干人才数量不足。上述问题的存在，将在根源上影响我国颠覆性技术创新能力提升。

四是颠覆性技术创新成果的转化应用水平较低。虽然我国在颠覆性技术创新发展中，有不少成果转化应用的典型成功案例，但是从总体上看仍有许多研究攻关成果并没有转化应用和落地见效。利用大量科研经费研究出来的成果，有的仅仅停留在理论上的"颠覆"，有的被束之高阁而无人问津，有的甚至成了华丽光鲜的"装饰门面"，从而导致颠覆性技术创新成果没有真正释放出新动能，没有切实转化为生产力和战斗力。上述问题的存在，将在应用层面影响我国颠覆性技术创新进程。

2. 国内颠覆性技术引发战术变革的研究现状

1）理论研究成果总体偏少

从"中国军事期刊论文总库""中国知网""万方数据""维普期刊"，以及军队学位与研究生教育研究中心"学位论文共享系统"等资源的检索结果看，无论是学术和学位论文，还是理论著作，均没有专门研究"颠覆性技术引发战术变革"的成果。单纯以"技术决定战术"为研究主题的成果也寥寥无几。

从目前的成果看，学术界的研究主要聚焦在两个方面：一方面，在研究战术变革、战术创新、战术发展趋势、战术发展规律等问题时，把"技术"因素作为一个重要观点或主要内容进行阐述。但主要针对一般意义上的军事技术，并没有专门针对颠覆性技术。另一方面，围绕战术的某一个内容要素，对颠覆性技术引发战斗部署、战斗指挥、战斗协同、战斗行动和战斗保障方法等变革问题进行了探索研究，但成果的系统性还不强，数量也非常少。

2）学术研讨活动经常开展

近年来，国内特别是军内一些科研院所和高校，从智能化战争层面针对颠覆性技术与未来作战开展了一些理论研讨活动，重点研究新时代颠覆性技术对未来战争的影响，预测智能化战争的发展趋势，探讨战争形态演变、战略理论调整、作战理论变化、制胜机理演进、军队建设理论转变等前沿性重难点问题，并取得了初步的成果。

军内的相关报刊也刊登了关于颠覆性技术与智能化战争、智能化作战的学术论文。以《解放军报》为例，"军事论坛"在建设世界一流军队纵横谈、全面推进"四个现代化"纵横谈、"研究军事、研究战争、研究打仗"专论等栏目，刊载了多篇前瞻性的学术论文。例如，许世勇、王家胜发表的《探寻智能化作战制胜机理》（2018年1月4日）；王永华发表的《探究智能化作战的制胜关节》（2018年3月29日）；刘练发表的《借助净评估甄别确立颠覆性技术》（2018年4月3日）；林东发表的《迎接算法决定战法的时代》（2018年9月18日）；李明海发表的《智能化战争的制胜机理变在哪里》（2019年1月15日）；王荣辉发表的《透视未来智能化战争的样子》（2019年4月30日）；戚建国发表的《抢占人工智能技术发展制高点》（2019年7月25日）；何雷发表的《智能化战争并不遥远》（2019年8月8日）；袁艺、郭永宏、白光炜发表的《机械化信息化智能化如何融合发展》（2019年9月12日）；杨文哲发表的《在变与不变中探寻智能化战争制胜之道》（2019年10月22日）；许春雷、杨文哲、胡剑文发表的《智能化战争，变化在哪里》（2020年1月21日）；郝敬东、牛玉俊、段非易发表的《制胜智能化战争有"律"可循》（2021年3月16日）等。

国内一些微信公众号以发表原创论文或转载论文的方式，关注和讨论颠覆性技术、智能化作战、无人集群作战等主题的论文。代表性的微信公众号有：光明军事、无人系统技术、智能前沿技术、战略前沿技术、赛迪智库、智能巅峰、国防科技要闻、防务快讯、保障前沿、军鹰资讯、人机与认知实验室、人工智能学家、桌面战争等。

上述学术研讨活动的组织和初步形成的理论研究成果，虽然更多的是从颠覆性技术与智能化战争这一宏观层面展开的，但是从微观层面也有力促进了颠覆性技术涌现背景下战术变革的深化研究。

3）军地联赛加速转化应用

近年来，军地联合开展了多项比赛活动，以军地一体化的形式加速推进我军自主无人技术创新成果落地和转化应用。从 2014 年开始，我军已连续举办了3届"跨越险阻"陆上无人系统挑战赛。

2014 年 9 月，原总装备部举办了"跨越险阻 2014"首届地面无人平台挑战赛[57]。这次挑战赛，10 余家科研院所的 21 支无人车队展开激烈角逐。比赛着眼军事需求设计，设置了典型战场环境下的障碍识别与避让、越野机动两个课目，突出对地面无人系统战场环境的适应性考核。比赛过程中，无人车辆以自主行进的方式，对路障、街垒、弹坑、壕沟、水坑、倒塌墙体、损毁装备以及动态障碍物等进行自主避让和绕行。

2016 年 10 月，陆军装备部举办了"跨越险阻 2016"地面无人系统挑战赛[58]。来自 44 家军内外院校、科研院所和相关企业的 73 支代表队参赛。这次比赛设置了野外战场执行任务、城镇战场侦察与搜索、山地输送等 3 类 5 组课目。这次比赛突出作战任务背景，构建了逼真野外战场环境，考核了无人系统复杂环境综合适应能力。

2018 年 9 月，"跨越险阻 2018"第三届陆上无人系统挑战赛举行[59]。这次比赛由陆军装备部主办、陆军研究院承办，共有 61 家牵头单位组织的 136 支代表队参赛。比赛围绕野外战场自主机动与侦察、空地协同搜索和雷场通道开辟等 10 组 44 个课目展开，构建了城镇街区、山地丛林等典型战场环境，实现了关键技术和作战运用能力同步考核。

随着挑战赛的深入持续开展，参赛代表队和无人系统数量逐届增多，比赛课目设置更加突出创新性和实战性，比赛的广度、深度、难度和强度逐步提升，为我军陆上无人系统"跨越险阻"走向未来战场提供了"试金石"。

1.3.2　国外研究现状

1．国外颠覆性技术的研究现状

1）争相制定发展战略与规划

自 1995 年"颠覆性技术"这一概念被美国哈佛大学商学院教授克莱顿·克里斯滕森首次提出以来[60]，颠覆性技术立即得到普遍认可和高度关注。世界主要国家纷纷展开预研探索、前瞻布局和创新应用。下面是美国、俄罗斯以及欧洲和亚洲等国家近年来公布的具有代表性的颠覆性技术发展战略与规划[61-63]。

被称为"颠覆性技术孵化器"的美国国防高级研究计划局（DARPA），自成立以来，长期致力于颠覆性技术创新，通过打造创新理念、环境和机制，确保美国的"技术优势"，以避免他国"技术突袭"。2013 年 9 月，新美国安全中心（CNAS）发布《改变游戏规则：颠覆性技术与美国国防战略》报告，阐述了增材制造（3D 打印）、自主系统、定向能、网络能力和人体机能改良等 5 个有潜力成为颠覆性技术的领域[64]。2014 年 11 月，美国《国防》杂志公布了 3D 打印技术、自主无人系统、新能源技术等 10 大颠覆性技术[65]。2016 年 10 月，美国白宫发布了《为未来人工智能做好准备》《国家人工智能研究与发展战略规划》两份报告。2017 年 3 月，美国陆军发布《机器人与自主系统战略》，提出了三个阶段目标，即近期现实目标（2017—2020）、中期可行目标（2021—2030）、远期预想目标（2031—2040）。2000 年以来，美军先后发布了多个版本的战略规划路线图，以前瞻布局无人机/无人系统的未来发展。主要路线图文件为 "Unmanned Aerial Vehicles Roadmap 2000—2025"[66] "Unmanned Aerial Vehicles Roadmap 2002—2027"[67] "Unmanned Aircraft Systems Roadmap 2005—2030"[68] "Unmanned Systems Roadmap 2007—2032"[69] "Unmanned Systems Integrated Roadmap 2009—2034"[70] "Unmanned Systems Integrated Roadmap 2011—2036"[71] "Unmanned Systems

Integrated Roadmap 2013—2038"[72] "Unmanned Systems Integrated Roadmap 2017—2042"[73]。2018 年 8 月发布的最新版《无人系统综合路线图 2017—2042》确定了互操作性、自主性、网络安全和人机协同等关键技术。2018 年 11 月，美国国会研究服务处发布了《美国地面部队机器人和自主系统及人工智能：国会应考虑的问题》报告。2018 年 11 月，美国陆军能力集成中心（ARCIC）发布了《利用机器人与自主系统支持多域作战》白皮书。2019 年 2 月 11 日，美国总统特朗普签发了《维护美国在人工智能领域的领导地位》的行政令，开始启动"美国人工智能计划"；次日，美国国防部发布了《2018 年国防部人工智能战略概要》，为美军人工智能发展提供战略指导。2020 年 3 月，美国白宫发布了《国家 5G 安全战略》。

俄罗斯注重在国家层面宏观筹划颠覆性技术发展。2018 年 2 月，俄罗斯总统普京签署批准了《2018—2027 年国家武备计划》。该计划是俄罗斯在国家层面发布的实施装备升级换装的指导文件，明确指出重点发展无人机和作战机器人等自主装备。2019 年 10 月，俄罗斯总统普京批准了《2030 年前俄罗斯国家人工智能发展战略》。该战略旨在促进俄罗斯人工智能技术发展，加强人工智能领域科学研究，完善人工智能人才培养体系等。

在欧洲，英国、法国、德国等陆续发布了人工智能发展战略文件。2016 年 11 月，英国政府科学办公室发布《人工智能：机遇与未来决策影响》。2018 年 3 月，法国发布《人工智能发展战略》。2018 年 4 月，欧盟发布《欧盟人工智能》报告；同年 4 月，25 个欧洲国家签署《加强人工智能合作宣言》。2018 年 4 月，英国人工智能特别委员会发布《英国人工智能发展的计划、能力与志向》。2018 年 7 月，德国发布《联邦政府人工智能战略要点》文件；同年 11 月，德国发布名为"AI Made in Germany"的人工智能战略。

在亚洲，日本、韩国、印度等国家发布了颠覆性技术发展战略或路线图文件。2013 年 6 月，日本内阁决定推行"颠覆性技术创新计划"（ImPACT）[74]，加快促进能够推动产业和社会发生变革的颠覆性技术创新，大力支持具有挑战性强、风险性高的创新活动。2016 年 5 月，日本启动"人工智能/大数据/物联网/网络安全综合项目"。2017 年 3 月，日本政府制定了人工智能产业化路线图，分三个阶段来推进利用人工智能技术。2018 年 5 月，韩国发布《人工智能发展战略》。2018 年 6 月，日本政府召开人工智能技术战略会议，提出了推动人工智能普及的实施计划；同年 6 月，日本公布了《综合创新战略》，将人工智能作为五大重点措施之一。2018 年 6 月，印度发布《人工智能国家战略》。

2）持续加大经费投入力度

在数据、算法和算力三大要素的共同驱动下，人工智能技术快速渗透至各个专业方向，带动世界人工智能领域支出快速增长。据统计，2018 年、2019 年世界人工智能领域支出分别为 248.6 亿美元、358 亿美元；2022 年将达 792 亿美元，2018—2022 年预测期内复合年增长率为 38%[48]3。

美国从 2017 财年起，投入 120 亿～150 亿美元开展第三次"抵消战略"，试图通过改变未来战争规则的颠覆性技术赢得持久军事优势。2018 年 9 月，为推动第三次人工智能浪潮，DARPA 宣布未来 5 年将投资 20 亿美元开启"下一代人工智能"（AI Next）项目研发[75]。

俄罗斯在过去 10 年累计投入约 230 亿卢布，用来开展 1300 余项人工智能技术研发项目。据俄罗斯数字科技公司 Cifra 的研究统计，2021 年俄罗斯人工智能市场规模达到了 3.8 亿美元。

在欧洲，英国、法国、德国等国家宣布投入巨资用于颠覆性技术研发。2017 年 1 月，英国在发布的《现代工业战略》中指出，增加 47 亿英镑研发资金用于人工智能、机器人技术和 5G 等领域。2018 年 1 月，英国宣布投入超过 13 亿美元，力争使英国在人工智能领域处于领先地位。2018 年 3 月，法国宣布到 2022 年将投入 15 亿欧元用于人工智能研发。2018 年 4 月，欧盟宣布 2020 年投入 200 亿欧元用来推动人工智能发展。2018 年 11 月，德国宣布计划在 2025 年前投入 30 亿欧元，用于人工智能研发。2018 年 11 月，欧洲成立人工智能与量子计算中心，英国 BAE 系统公司宣布投入 2000 万英镑用于人工智能和增强现实技术的研发，以提高未来作战系统能力。

在亚洲，日本、韩国、印度等国家重视颠覆性技术研发资金投入。日本在 2019 年度预算的概算要求中，科技技术领域的要求额达到 4.351 万亿日元（约 2666 亿元人民币），重点用于人工智能相关技术研发和人才培养等。2018 年 2 月，印度提出"数字印度计划"，拨款 4.77 亿美元用于推动人工智能、机器学习等技术的发展。2018 年 5 月，韩国政府在《人工智能发展战略》中提出，计划在 5 年内投入 20 亿美元用于人工智能在国防、生命科学和公共安全领域的研发。

3）凸显协同发展与融合创新

当今时代，在协同发展和融合创新驱动下，颠覆性技术群体涌现效应日益凸显。人工智能经过 60 多年的发展演进，特别是在大数据、云计算、脑科学、移动互联等新理论新技术的共同推动下，呈现出深度学习、交叉融合、人机协同、自主操控等新特征。

对于人工智能的三大要素来说，数据、算法、算力之间相互促进、密切相关。首先，大数据为机器学习提供了足够多的样本，促使算法更加智能。深度学习、迁移学习、强化学习、对抗学习以及底层的网络结构——深度神经网络、卷积神经网络、递归神经网络、对抗神经网络等都离不开大数据的有力支撑。其次，算法的优化和改进促使算力不断提升。根据所解决的目标问题不同，算法主要分为三类，即回归任务算法、分类任务算法、聚类任务算法。三类人工智能算法的发展，主要得益于深度学习算法模型的优化和拓展。通过利用人工智能算法优化高性能计算工作程序和高性能计算扩展人工智能算法规模，实现算法和算力的协同发展。最后，算力的提升支撑高效的大数据分析处理。数据量的大幅增加，对数据分析处理提出了更高、更快要求。目前，全球数据量呈现爆炸式增长。2018 年全球数据总量达 30 万亿 GB，预计 2020 年年底达 44 万亿 GB[48]6。高性能、低功耗的先进计算能力为大数据的分析研究和开发利用提供可靠保证。

除了人工智能的融合渗透和自身要素的相互促进外，大数据、云计算、物联网、移动互联等其他颠覆性技术也在实现协同发展。随着数据量井喷式成倍增长，利用单独的云计算技术已无法满足低延迟的要求。国际数据公司 IDC 统计数据显示，到 2020 年年底，全球将有超过 500 亿个终端和设备接入网络[63]118。其中，超过 50%的数据需要在网络边缘侧进行分析、处理和存储。这就需要边缘计算、云计算、移动互联融合创新、相互赋能，既解决物联网连接设备的稳定性，又实现数据处理的低延迟性。边缘计算与云计算各有所长，边缘计算适用于现场级、实时和短周期的智能分析；云计算擅长于全局性、非实时、周期长的大数据分析处理。移动互联技术通过对端、边缘、云上进行优化，实现低时延、大带宽、广连接的高速通信。边缘计算、云计算、移动互联的强强联合、协同发展，共同驱动物联网实现"万物互联"。

4）基础性关键技术取得突破

近年来，随着计算机科学、脑科学、神经生理学、心理学、生命科学等学科的快速发展，基础性的关键技术取得一系列突破，为颠覆性技术的整体跃进奠定了基础。具有代表性的基础性技术突破有：

一是加速向"模拟大脑"迈进。2019 年 7 月，英特尔公司开发出了集成1320 亿个晶体管、800 多万个"神经元"和 80 亿个"突触"的神经芯片[76]。经测试，该芯片对人工智能任务的执行速度比传统 CPU 快 1000 倍，能效提高 10000 倍。该芯片在执行速度和能效上的提升，为智能芯片研发奠定了新基础、提供了新思路。

二是进一步揭示大脑运行机理。2019 年，德国科学家以小鼠为研究对象，基于新型人工智能方法，对小鼠桶状皮层的 89 个神经元形态特征及其连接进行了重建，揭示了迄今为止最大哺乳动物的神经连接组[77]。试验的空间分辨率、神经元数量、对象个体要求等指标均取得了重大进展，为生物智能研究的突破奠定了基础。

三是"量子霸权"初步显现。2019 年 10 月，谷歌公司利用一台可编程量子计算机（处理器由 53 个有效量子比特组成）演示了"量子霸权"，只用了约 200s 就完成了经典计算机大约需要 1 万年才能完成的任务[78]。处理器利用量子叠加、量子纠缠实现的计算空间，与经典比特所能达到的相比，实现了指数级增加。

四是数据存储技术取得新进展。数据呈现种类的拓展和生成数量的暴增，向传统存储架构提出了新挑战，为新型数据存储技术提出了新需求。2019 年 12 月，以色列科学家开发了"万物 DNA"存储架构，可以生成具有不变记忆特性的材料，实现持久性的海量信息存储[79]。据统计，DNA 信息储存的密度为 1000 万 TB/m³。这种高密度的存储技术为人类大数据存储和利用提供了一种新方式。

2. 国外颠覆性技术引发战术变革的研究现状

在颠覆性技术不断涌现的背景下，国外战术变革现状突出表现在理论先行、演示验证和实践运用三个方面。

1）提出前瞻引领的创新理论

近年来，在颠覆性技术驱动下，以美国为代表的军事强国纷纷提出了以"蜂群"战术为代表的战术创新理论。

2000 年，DARPA 率先启动了无人机集群空中战役研究计划，提出了一种基于多智能体的非分层结构的自组织空中任务分配方法[80]61。随后，在DARPA 的引领下，美国多家研究机构开始在技术层面展开无人机集群领域的研究与论证。2014 年，第三次"抵消战略"启动后，集群式无人机作战概念被正式提出，并将其作为可以"改变游戏规则"的颠覆性技术予以重点发展。此后，无人机蜂群作战研究进入"快车道"。

2014 年 10 月，美国智库新美国安全中心发布研究报告，首次系统提出了无人系统蜂群战术；2015 年 9 月，美国空军在发布的《空军未来作战概念》中提出了小型无人机集群的作战设想；2016 年 5 月，美国空军在发布的首份《2016—2036 年小型无人机系统飞行规划》中，提出了诸多与小型无人机集群作战相关的新型作战方式[80]62。近年来，美军启动了"灰山鹑"微型无人机项目、"小精灵"无人机蜂群项目、"低成本无人机集群"项目等多项与无人机蜂群相关的战术研究。

此外，欧洲、俄罗斯等也启动了无人机蜂群研究项目[80]62-63。欧盟委员会信息社会技术计划（IST）资助了多异构无人机实时协同和控制项目（COMETS），欧盟委员会信息通信技术计划（ICT）资助了面向安全无线的高移动性协同工业系统的估计与控制项目（EC-SAFEMOBIL）。另据俄罗斯媒体报道，俄罗斯下一代战斗机将能够指挥控制 5～10 架装备高频电磁炮的无人机实施集群作战。

2）开展理论研究的演示验证

以美国为代表的军事强国在提出前瞻性、引领性和变革性创新理论基础上，组织开展了多次演示验证，为无人系统的作战运用提供了可靠技术支撑。

美军提出了 2025—2035 年形成无人机蜂群作战能力的目标，全面开展了顶层设计和关键技术攻关，多个项目推进至演示验证阶段。如美国国防部战略能力办公室于 2014 年启动了"无人机蜂群"项目，试验平台为"灰山鹑"一次性微型无人机，其长 16.5cm、重 0.3kg、续航时间大于 20min、时速 75～110km/h。2016 年，该项目演示了 103 架"灰山鹑"空中快速投放和按指令组群飞行，创下国外军用无人机蜂群最大规模飞行纪录[81]。2015 年，DARPA 推出"小精灵"项目，研究小型无人机蜂群的空中投放和回收等关键技术。2018 年 10 月，DARPA 发布"进攻性集群战术"项目公告，主要开展人机编队和集群战术的技术开发；同年 11 月，DARPA"拒止环境协同作战"（CODE）项目演示了无人机系统在"反介入/区域拒止"的环境下适应和响应意外威胁的能力[81]。

欧洲防务局于 2016 年 11 月启动"欧洲蜂群"项目，发展无人机蜂群的任务自主决策、协同导航等关键技术。英国国防部于 2016 年 9 月发起奖金达 300 万英镑的无人机蜂群竞赛。参赛的无人机蜂群完成了信息中继、通信干扰、跟踪瞄准人员或车辆、区域绘图等任务。

除了提出"蜂群"战术理论和组织演示验证外，各国还开展了单个无人系统的自主能力测试，为自主集群作战提供了平台支撑。例如，2018 年 1 月，俄罗斯完成了"战友"首款无人车模拟作战环境测试[63]5。该无人车可执行侦察、巡逻、通信、防护，以及排雷和清障作业。

3）探索无人系统的作战运用

近年来，在智能化战术创新理论指引下，无人机、无人战车、战斗机器人等无人系统纷纷登场亮相，并取得了不俗的战绩，受到广泛关注。同时，无人系统的作战运用也倒逼战术的发展变革。典型的无人系统作战运用情况如下：

2015 年 12 月，在叙利亚打击 IS 的战场上，俄军利用远程指挥控制平台和数据链系统，出动一个整编机器人作战连，将战斗机器人和无人机充当先锋，以极小的伤亡代价赢得了战斗胜利。俄罗斯在叙利亚战场先后部署了"石榴石"-4、"海鹰"-10、"前哨"侦察无人机、"天王星"-6 无人战车等自主装备。通过实战检验无人系统作战能力，促进无人系统迭代升级发展。

2018 年 1 月，俄罗斯在驻叙利亚空军基地利用防空和电子战系统，成功拦截了 13 架无人机组成的小型"蜂群"，初步积累了反无人机集群作战的经验[63]4。2018 年 8 月，俄罗斯在演习中利用"前哨"侦察无人机为巡航导弹和反舰导弹提供目标指示[82]。

2019 年 9 月 14 日，沙特炼油厂遭到数十架无人机攻击，一半的石油产量（相当于全球 7%的石油供应量）被一次无人机攻击彻底毁掉。这次袭击没有触发空袭警报，避开了该地区最先进的预警雷达系统。

2020 年 1 月 3 日，美军在伊拉克首都巴格达国际机场附近，采用 MQ-9 无人机空袭定点清除的方式，发射导弹准确击中伊朗革命卫队"圣城旅"指挥官卡西姆·苏莱曼尼的行进车队，导致苏莱曼尼遇难身亡。此次"斩首行动"再一次验证了无人打击系统的威力。

2020 年 3 月，土耳其军队在"春天之盾"行动中，利用"安卡"-S 和"旗手"TB-2 察打一体无人机，摧毁了叙政府军指挥中心、炮兵阵地、装甲集群、弹药库等大量高价值的军事目标[83]。

2020 年 10 月，在纳卡冲突中，阿塞拜疆军方使用 TB-2 察打一体无人机攻击了亚美尼亚的车队、坦克、榴弹炮阵地、火箭炮阵地等目标，造成亚美尼亚大量装备损毁和人员伤亡[84]。

1.3.3 研究现状述评

1. 国内研究现状述评

关于国内颠覆性技术研究现状，总的来看，部分技术领域已达到世界先进水平，其主要特点表现为"四多四少"：从创新模式上看，集成创新和引进消化吸收再创新多，"从 0 到 1"的原始创新少；从研究层次上看，在战略层面研究颠覆性技术发展多，在战术层面研究颠覆性技术运用少；从研究内容上看，研究颠覆性技术的基本概念、主要特征和潜在影响多，研究颠覆性技术的形成机制、预见方法和转化应用少；从研究范围上看，在一般意义上研究颠覆性技术多，在战术变革视野下研究颠覆性技术少。

关于国内颠覆性技术引发战术变革研究现状，学术界主要是把军事技术作为引发战术变革的一个主要因素进行研究，同时阐述"技术"因素与其他因素的关系。目前的研究视角还比较宽泛，并没有把颠覆性技术这一决定性因素凸显出来。从颠覆性技术与战术变革的因果关系看，目前在"因"上还没有完全聚焦，在"果"上仍几乎处于空白。

2. 国外研究现状述评

关于国外颠覆性技术研究现状，颠覆性技术创新已受到越来越多国家和地区重视，通过超前布局、加大投入、创新驱动，不断取得突破性进展。目前，美国在颠覆性技术创新和转化应用上处于世界领先地位，其经验做法对其他国家和地区具有重要的借鉴和参考价值。

关于国外颠覆性技术引发战术变革研究现状，总的来看，美、俄等军队已走在前列，基本实现战术理论创新与作战实践运用同步发展。世界主要国家在无人机蜂群战术、地面自主集群战术、反无人机集群战术等方面开展了多个项目的理论研究和演示验证，并以人机混合编组、人在后台遥控的方式将无人系统投入实战运用，取得了显著成效。

综上分析，从国内外研究现状看，无论是在国家层面还是在军队层面，颠覆性技术创新已得到普遍认可和高度重视。虽然颠覆性技术已经取得突破性进展，但是仍有不少"瓶颈"问题需要解决。当前，颠覆性技术涌现背景下的战术变革创新理论及其实践运用还在初级阶段，距离实现武器装备无人化、自主化进而实现由"人在回路中""人在回路上"向"人在回路外"的转变，还有较长的路要走。

1.4 研究的范围、思路和方法

1.4.1 研究的范围

本书研究的范围，限于颠覆性技术引发战术变革问题，也就是颠覆性技术涌现背景下战术"为何变""向哪变""怎么变"等问题。"为何变"主要是以历史眼光研究颠覆性技术引发战术变革的内在机理和主要规律，从深层次上揭示战术变革的技术动因；"向哪变"主要是从宏观上考察颠覆性技术涌现背景下战术变革的总体趋向；"怎么变"主要是从微观上探究颠覆性技术驱动下战术体系内的要素变革。

需要说明的是，引发战术变革的因素有多种，本书研究的是颠覆性技术因素，其他因素不做讨论。根据笔者所在学科发展定位和研究方向，这里的"战术"特指"陆军合同战术"，而不是其他军兵种战术。但是，由于颠覆性技术的通用性，以及部分颠覆性技术不一定首先应用在陆军部队这一现实，本书会适当阐述和引用颠覆性技术在其他军兵种应用的例子。

1.4.2 研究的思路

本书按照"研究历史、分析现状、探寻规律、创新探索"的思路展开研究。

首先，着眼世界范围内颠覆性技术发展的历史和现状，从战术变革角度重新审视颠覆性技术的内涵要义、主要特征和构成要素，为本书后续研究奠定理论基础。这是本书研究的切入点。

其次，在对颠覆性技术引发战术变革历史研究的基础上，深入分析颠覆性技术引发战术变革的内在机理和主要规律，并基于上述规律，着眼颠覆性技术的未来发展动向，深入研究颠覆性技术涌现背景下战术变革的总体趋向，从宏观上给未来战术"画像"。这是本书研究的着力点。

最后，根据战术的内容范畴，从微观上重点探究颠覆性技术驱动下战斗部署方法、战斗指挥模式、战斗协同方式、战斗行动方法和战斗保障模式的深刻变革。这是本书研究的落脚点。

需要指出的是，在宏观考察和微观探究战术变革时，以世界主要国家和军队颠覆性技术发展路线图为参照，探索战术在特定时间和阶段的未来走向。以美军为例，美国陆军在 2017 年 3 月发布的《机器人与自主系统战略》中提出了三个阶段目标，即近期现实目标（2017—2020）、中期可行目标（2021—2030）、远期预想目标（2031—2040）[85]2。美国陆军在 2018 年10 月发布的《陆军战略》中提出了近期（2018—2022）、中期（2022—2028）、远期（2028—2034）三个阶段实施计划[86]。以我国我军为例，党的十九大报告在"坚持走中国特色强军之路，全面推进国防和军队现代化"这一部分内容中提出："同国家现代化进程相一致，全面推进军事理论现代化、军队组织形态现代化、军事人员现代化、武器装备现代化，力争到二〇三五年基本实现国防和军队现代化，到本世纪中叶把人民军队全面建成世界一流军队。"[1]53。2020 年 10 月，中共十九届五中全会提出了"十四五"规划和二〇三五年远景目标，并针对国防和军队现代化建设提出"加快机械化信息化智能化融合发展"[87]。基于上述分析，本书以"人在回路中"（human in the loop）、"人在回路上"（human on the loop）、"人在回路外"（human out of the loop）的发展轨迹为脉络，以未来 5～15 年（2035 年前）为时间节点来前瞻探索战术的发展变化。这一"看得见的未来"的时间区间，总体上处于信息化智能化迭代期，是我军机械化信息化智能化融合发展的关键期。这是本书研究的时代定位。

1.4.3　研究的方法

本书所用的研究方法主要包括以下几种。

一是文献研究法。根据本书研究的主题、内容和范围，充分利用互联网、军队和地方图书馆、军内外公开出版的报刊等纸质印刷和电子信息资源，最大限度地搜集整理国内外颠覆性技术发展沿革、主要特征、形成机制、预见方法，以及战术变革的历史演进、技术动因和未来走向等文献资料，为本书研究奠定坚实基础。

二是交叉研究法。即跨学科研究法。为了搞清颠覆性技术引发战术变革的内在机理、主要规律和未来走向等问题，需要跨学科深入研究人工智能、大数据、云计算、物联网、移动互联等颠覆性技术的基本原理、研究现状和发展趋势，为本书研究提供必备的前提条件。

三是定性分析法。审视战术变革视野下颠覆性技术的内涵要义、主要特征和构成要素，根据技术与战术的辩证关系，分析颠覆性技术如何通过武器装备打击、防护、机动、信息和自主能力提升来驱动战术变革，探究不同能力之间的地位作用和主次关系，揭示颠覆性技术引发战术变革的内在机理和主要规律。

四是系统科学法。从系统论的角度看，"技术—武器—战术"是一个各要素既相互独立、又相互作用的复杂系统。从控制论的角度看，在"技术—武器—战术"系统中，技术通过主导武器的发展方向来决定战术的变革走向；战术变革通过对武器的选择来对技术的发展提出需求。分析颠覆性技术和战术相互依存、互为因果的关系，有助于揭示颠覆性技术引发战术变革的规律，进而指导我军战术理论创新发展。

五是比较研究法。系统梳理世界范围内颠覆性技术发展的历史、现状和未来，以及战术发展变革的演进过程，通过横向和纵向的综合比较，在技术层面总结归纳世界主要国家颠覆性技术发展的脉络轨迹、主要做法和趋势动向，在战术层面深入探究颠覆性技术引发战术变革的内在机理、主要规律和未来走向，为我军加快推进战术变革提供启发性参考。

第 2 章

战术变革视野下颠覆性技术的重新审视

中国科学院颠覆性技术创新研究组认为，"颠覆性技术难有统一定义，从不同视角和关注点会对其作出不同诠释"[25]序3。基于本书的研究主题，有必要从战术变革的角度、以历史的眼光来重新审视颠覆性技术的内涵要义、主要特征和构成要素，为后续研究奠定理论基础。

2.1 颠覆性技术的内涵要义

克劳塞维茨在《战争论》中指出，"任何理论首先必须澄清杂乱的、可以说是混淆不清的概念和观念。只有对名称和概念有了共同的理解，才可能清楚且顺利地研究问题，才能常常同读者站在同一个立足点上。"[88]97 因此，厘清颠覆性技术的内涵要义，不仅是学术研究的前提，也是与读者达成共识的基础。

1995 年，美国哈佛大学商学院教授克莱顿·克里斯滕森（Clayton M. Christensen）与约瑟夫·鲍尔（Joseph L. Bower）发表论文 *Disruptive technologies:*

catching the wave，首次提出"颠覆性技术"（disruptive technology）这一概念[60]。克里斯滕森针对商业创新背景，将技术分为渐进性技术和颠覆性技术，渐进性技术是指对正在应用的技术做增量式改进的技术；而颠覆性技术则是以意想不到的方式取代现有主流技术的技术[89]。1997 年，克里斯滕森出版 *The Innovator's Dilemma*: *When New Technologies Cause Great Firms to Fail* 一书[90]；2003 年，克里斯滕森与迈克尔·雷纳（Michael E. Raynor）出版了 *The Innovator's Solution*: *Creating and Sustaining Successful Growth* 一书[91]，书中不仅强调新技术本身，更强调技术的全新和广泛应用带来的颠覆性效应。

近年来，美国国家研究理事会（NRC）、新美国安全中心（CNAS）、美国战略与国际研究中心（CSIS）等智库对颠覆性技术进行研究后提出了自己的见解。例如，美国国家研究理事会（NRC）认为颠覆性技术是能产生出人意料效果的创新性技术，主要分为 6 类，即使能作用类、催化作用类、强化作用类、取代作用类、突破作用类、改变形态结构类[92]；新美国安全中心（CNAS）将颠覆性技术定义为"能彻底打破对手间军力平衡的技术或技术群，此类技术一旦应用，作战样式将发生巨变，相关政策、条令和编制等随之失效"[93-94]；美国战略与国际研究中心（CSIS）指出，颠覆性技术是能够以剧烈、难以想象的方式给社会、战争带来颠覆性转变的一类技术[95]。此外，一些国家的政府部门和军队也提出了颠覆性技术的相关观点。美国国家情报委员会（NIC）将颠覆性技术界定为能在军事、经济、地缘政治、社会凝聚力等方面显著增强国家力量的技术[96]。美国国防部认为，颠覆性技术是改变游戏规则的技术和革命性技术[25]4。美国海军认为，颠覆性技术既可以是新兴技术，也可以是既有技术的整合[97]。

虽然"颠覆性技术"这一概念是 20 世纪 90 年代提出的，但实际上，颠覆性技术是一个历史的概念，不同的时代有与之对应的颠覆性技术[98]。这一观点已得到学术界的普遍认同。代表性的学术观点有：李炳彦在《颠覆性技术与战争制胜机理》中指出："20 世纪前期及以往的军事变革，都是新技术在'行动域'的突破引发的；20 世纪后期兴起的军事变革，是新技术在'认知域'的突破引发的。"[99]国防科技大学刘戟锋少将在接受《解放军报》记者专访时指出:"历史上每次科技革命时期,都是颠覆性技术出现的高峰期。科技革命构成了发掘和发展颠覆性技术的难得历史机遇。"[100]詹璇、贾道金在《颠覆性技术如何改变战争规则》中指出:"每一种战争形态都有其赖以存续的技术基础和标志性的武器装备,战争演进的历史鲜明地烙下了颠覆性技术更迭交替的印记。"[37]朱小宁在《以颠覆性技术夺取军事竞争制高点》中指出:"从战争史看,改变能量形式,是颠覆性技术的突出赋能作用。"[35]蔡珏在《关于颠覆性技术发展的理性认知》中指出:"回顾历史,各项颠覆性技术的出现和成熟大多标志着科技革命、军事革命、产业革命的发生和突破。"[101]

从历史上看,颠覆性技术有广义和狭义之分。

从广义上看,历代引发战术颠覆性变革的军事技术,都可以认为是与那个时代对应的颠覆性技术。金属冶炼技术、火药制作技术、动力机械技术、原子核反应技术、精确制导技术、网络信息技术等,在历史上均驱动战术由渐变向突变跃升,先后催生了阵式战术、线式战术、纵队战术和散兵线战术,机械化条件下合同战术,核武器条件下合同战术,高技术条件下合同战术,信息化条件下合同战术[102]。上述颠覆性技术引发战术变革的历史考察,将在下一章进行详细阐述,在此仅做结论性说明。

从狭义上看,颠覆性技术是 20 世纪 90 年代"颠覆性技术"这一概念提出以来,不断涌现和演变的颠覆性技术。根据当今世界主要国家和军队的研究动向,以及我国《国家创新驱动发展战略纲要》《"十三五"国家科技创新规划》《新一代人工智能发展规划》等文件对颠覆性技术的界定,笔者认为,在军事领域引发战术变革的颠覆性技术主要包括人工智能、大数据、云计算、物联网、区块链、移动互联(5G、6G)、量子信息、增材制造(3D、4D 打印)、新能源、新材料等技术。狭义上的颠覆性技术组成结构,如图 2.1 所示。

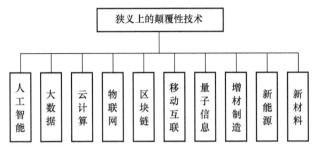

图 2.1　狭义上的颠覆性技术组成结构

根据相关文献资料的界定，上述颠覆性技术的概念内涵如下：人工智能是研究、开发用于模拟、延伸和扩展人的智能的理论、方法、技术及应用系统的一门新的技术科学[28]2。大数据是以容量大、类型多、存取速度快、应用价值高为主要特征的数据集合，它正快速发展为对数量巨大、来源分散、格式多样的数据进行采集、存储和关联分析，从中发现新知识、创造新价值、提升新能力的新一代信息技术和服务业态[14]。云计算是一种通过互联网以服务的方式提供动态可伸缩的虚拟化资源的计算模式[31]7。物联网是指通过射频识别、红外感应、全球定位系统、传感网等各种信息感知设备或手段，获取物品的物理属性及其状态信息，按照标准或约定的通信协议，连接物与物、人与物、人与人，使之进行信息交换和传输，通过分布式、大容量、高性能的信息计算与处理，实现智能化识别、定位、跟踪、监视、控制和管理等应用，最终实现物理世界和信息世界深度无缝融合的一种信息网络[103]4。区块链是利用块链式数据结构来验证与存储数据、利用分布式节点共识算法来生成和更新数据、利用密码学的方式保证数据传输和访问的安全、利用由自动化脚本代码组成的智能合约来编程和操作数据的一种全新的分布式基础架构和计算范式[104]序言 1。移动互联是互联网与移动通信在各自独立发展的基础上相互融合的新兴领域，是移动通信网络支撑下的互联网及服务[25]。量子信息是量子力学与信息科学交叉融合的产物，它以量子力学基本原理为基础，利用各种奇异的量子特性来实现对信息的编码、计算和传输，可超越现有信息技术系统的经典极限[25]。增材制造是利用液体、粉末、丝、片等离散材料，逐层累加制造实体零件或产品的方法[33]1。新能源是与传统能源相对的一个概念，其开发和利用，打破了以石油、煤炭为主体的传统能源观念，开创了能源的新时代[105]前言1。新材料是指那些新近发展或正在发展之中的具有比传统材料更为优异的性能的一类材料，主要包括先进基础材料、关键战略材料和前沿新材料等[106]前言2。

上述文献分别对人工智能、大数据、云计算、物联网、区块链、移动互联、量子信息、增材制造、新能源、新材料的概念内涵进行了定义。当然，也有其他一些文献资料对上述颠覆性技术的概念内涵进行了界定，此处不再一一列举。

上述每种颠覆性技术，均在不同的领域以突破性、革命性的效果对战术变革产生直接或间接的颠覆性影响。人工智能——颠覆传统作战模式，驱动"有人作战"向"无人作战"转变，实现机器深度学习、自主态势感知、人机交互联动、自主行动控制；大数据——颠覆传统数据存储、处理和管理方式，实现"海量数据"的快速挖掘分析和价值提取；云计算——颠覆传统计算方式，实现基于"资源共享池"的按需计算；物联网——颠覆传统网络连接方式，实现"万物互联"；区块链——颠覆传统网络架构，实现信息"不可篡改"；移动互联——颠覆传统移动交互方式，实现"高速率、大容量、低延时"的动中通；量子信息——颠覆传统通信方式和计算速度，实现安全保密通信和"量子霸权"；增材制造——颠覆传统保障方式，实现"随时随地"及时保障；新能源——颠覆传统能源生成和运用方式，为武器装备和平台提供高效清洁、保障便捷、续航持久的强大动力，如石墨烯电池取代锂电池；新材料——颠覆传统材料制备方式，纳米材料、超导材料、石墨烯材料等助力武器装备更新换代，如石墨烯时代颠覆硅时代。

当前，以人工智能技术为代表的颠覆性技术群体涌现，将促使战斗部署方法、战斗指挥模式、战斗协同方式、战斗行动方法和战斗保障模式的颠覆性改变，从而引发战术的新一轮变革。

因此，无论从广义上看，还是从狭义上看，颠覆性技术都是通过以技术创新驱动为引领的方式产生的具有颠覆性效应、变革性意义、标志性特征的技术或技术群。本书将从广义上的颠覆性技术出发，沿着颠覆性技术的发展轨迹，揭示颠覆性技术引发战术变革的内在机理和主要规律；在规律的指引下，以狭义上的颠覆性技术为重点，研究当今时代颠覆性技术涌现背景下战术变革的总体趋向。

基于对颠覆性技术概念的认识，如何区分颠覆性技术、前沿技术和新兴技术？实际上，这三个概念既有区别，又有联系。颠覆性技术强调技术的颠覆性和变革性；前沿技术强调技术的前瞻性和先导性；新兴技术强调技术的新颖性和尖端性。从组成结构和相互关系看，颠覆性技术可以是前沿技术、新兴技术，但前沿技术、新兴技术不一定是颠覆性技术。就效果而言，前沿技术、新兴技术在诞生时，无法判定其是否会产生颠覆性效应[107]，只有随后将其应用在某个领域时，其颠覆性才能得以识别与验证。例如，人工智能自1956 年在美国达特茅斯会议上被首次提出后，经过 60 多年的发展完善，不仅位列 21 世纪三大尖端技术（基因工程、纳米科学、人工智能）之一[28]3，而且被公认为是改变未来的颠覆性技术。

2.2　颠覆性技术的主要特征

从引发战术变革的角度看，与渐进性技术相比，颠覆性技术具有以下突出特征。

2.2.1　创新形态的超越性和替代性

颠覆性技术创新，以技术创新驱动为引领，利用打破常规、独辟蹊径的创新思维方式，开辟了新的技术应用领域，实现对已有传统或主流技术的跨越式发展。用这种颠覆性创新技术改进或生产出来的武器装备性能，将全面超越之前同类武器装备的性能，并且在条件满足的情况下逐步实现武器装备的小部分替代、大部分替代和完全替代，进而引发战术的深刻变革。与渐进性技术创新相比，颠覆性技术创新在形态上具有的超越性和替代性，为后发国家和军队跨越发展、赶超先进和赢得未来提供了重要条件与机遇。

2.2.2 作用效能的革命性和破坏性

颠覆性技术的出现和应用，一方面改变了现有技术的作用机理，破坏了原有的技术发展路径，使得先发国家和军队以"技术突袭"的方式形成与后发国家和军队之间的"技术代差"；另一方面破坏了现有武器装备的发展模式，有效提升了武器装备在打击、防护、机动、信息、自主等方面的一种或几种能力，加快传统武器装备的淘汰步伐，促进部队战斗部署、战斗指挥、战斗协同、战斗行动和战斗保障方法的深刻变革。与渐进性技术相比，颠覆性技术在作用效能上具有的革命性和破坏性，充分显露出了其具有的颠覆性效应和变革性意义。

2.2.3 形成机理的涌现性和群体性

随着科学技术的飞速发展，颠覆性技术的群体涌现效应日益凸显，不同的颠覆性技术之间相互交叉、相互融合、相互渗透，驱动颠覆性技术群的整体跃升。传感器能力和数量的提升、计算成本的下降、海量数据的出现、算法的进步、深度神经网络的发展、移动互联网的爆发等因素，促使人工智能加速由计算智能、感知智能向认知智能迈进。大数据、云计算、移动互联、量子通信等技术的深度交融，促使"万物互联"网络更加安全、更加可靠、更加稳定。脑机接口、语音识别、深度学习等技术的交叉融合，促使人机交互更加精准化、便捷化、人性化。机器学习、增材制造、新材料等技术的协同发展，促使增材制造效能倍增。量子计算、量子算法、新材料等技术的融合渗透，促使"量子霸权"加快实现。战术的新一轮变革，正是颠覆性技术群整体发力、共同作用的结果。

2.2.4 影响效果的时代性和时效性

颠覆性技术产生的颠覆性效应具有鲜明的时代性和显著的时效性。随着时代的发展，上一个时代的颠覆性技术，到了新的时代就有可能成为继承发展的渐进性技术。比如，金属冶炼技术是冷兵器时代的颠覆性技术，这项技术使兵器的质地产生了颠覆性改变，促使石兵器退出历史舞台。火药制作技术出现后，在热兵器时代，从战术变革的角度看，火器产生的颠覆性效应比金属兵器更强。对于金属冶炼技术，在绵延的历史长河中，经过迭代更新和继承创新，"冶金学"已发展成为一门独立的学科，并下设化学冶金、物理冶金、机械冶金、粉末冶金等分支学科。如今，金属冶炼技术已成为军民通用的渐进性技术，冶炼工艺和方法仍在不断改进完善。不同历史时代的颠覆性技术，在迭代和继承中发展成为渐进性技术，其产生的颠覆性效应随着时代发展逐渐减弱。

2.2.5 培育应用的风险性和不确定性

颠覆性技术培育应用需要创新的思维和全新的知识，并且挑战或彻底取代已有技术，创新程度较高，具有很大的风险性和不确定性[34]15。从培育周期上看，颠覆性技术从出现、预研、试验到应用，需要一定的时间，并且受不可控因素影响有可能导致周期较长；从经费投入上看，颠覆性技术培育应用不仅需要专项科研经费投入，更需要支撑颠覆性技术创新发展的基础研究经费投入；从宏观战略上看，受国际环境、战略格局和使命任务等因素影响，某项技术即使具有颠覆性效应和重大应用前景，也有可能受外部因素影响而发展受限甚至夭折。基于上述分析，颠覆性技术能否成功培育，能否转化和应用于武器装备的更新迭代，进而加快战术变革进程，都存在诸多未知。这就需要在国家和军队层面，建立高效、灵活、包容的制度机制，营造提倡自由探索、鼓励学术争鸣、发扬学术民主和坚持开放共享的科技文化创新环境，培育颠覆性技术创新的土壤。

2.2.6 发展演变的渐进性和不平衡性

颠覆性技术的发展演变是一个从量变到质变的长期累积过程。这一过程既有渐变，又有突变，两者相互交织、融为一体。颠覆性技术的产生，是集成不同时间的各种技术渐进性改进之后，在某一时间点显示出"颠覆性"现象，即出现了质变点之后，显现出"颠覆性"影响，显露出"颠覆性"效应。这时，技术的"颠覆性"才被判定和认可。因此，颠覆性技术的发展演变，不是一蹴而就的，而是一个渐进发展的过程。同时，受外部条件和技术进展等多重因素影响，颠覆性技术的发展演变在不同的国家和军队呈现出不平衡性。人工智能在 20 世纪 50 年代被首次提出时，其"颠覆性"影响并未显现，直到 21 世纪初，网络环境和计算机硬件设备等基础设施逐步完善、大数据和云计算等基础支撑技术快速发展，人工智能核心算法能力有了质的提升，这有力推动了人工智能在多个领域的应用，使得人工智能技术的"颠覆性"效应初步显露。此外，不同的国家和军队在机器学习、自然语言处理、人机交互等关键技术突破上进展不一，导致人工智能在向认知智能、强人工智能迈进的征程中呈现出不平衡性。

从战术变革角度看，在颠覆性技术的主要特征中，既要把握颠覆性技术具有的超越性、革命性、涌现性和时代性等特征，认清颠覆性技术在引发战术变革中的颠覆性、决定性作用；也要把握颠覆性技术具有的不确定性、不平衡性等特征，健全完善颠覆性技术的培育机制，加快未来智能化时代的战术变革进程。

2.3 颠覆性技术的构成要素

《军事技术论》中提出"军事技术的基本要素由打击力、防护力、机动力、信息力构成"[108]136。《战术史纲要》中提出"现代武器系统由打击力、防护力、机动力和信息传递处理能力四大要素组成"[109]26。分析战术变革的历史进程，在所有与战术变革相关的因素中，作为军事技术重要组成部分的颠覆性技术和其物化的武器装备是影响战术变革诸因素中最具决定性的因素[110]。从颠覆性技术的发展脉络看，武器装备水平的提高，主要是围绕打击能力、防护能力、机动能力、信息能力的提升而展开的。颠覆性技术与战术之间直接而密切的联系，正是通过打击技术、防护技术、机动技术、信息技术建立起来的。从战术变革的角度看，打击技术、防护技术、机动技术、信息技术之间互相联系、密不可分，共同构成了多技术群融合渗透的颠覆性技术体系。

2.3.1 颠覆性打击技术

战争的暴力性和对抗性，决定了打击技术在颠覆性技术体系中的核心主导地位。打击技术主要经历了冷兵器、热兵器、热核兵器、精确制导武器、智能自主无人武器等阶段，驱动打击能力从接触到非接触、从近程到远程、从小范围到大规模、从粗放到精确、从有人到无人的颠覆性改变。T. N. 杜普伊在《武器和战争的演变》中，根据兵器的射程、发射速率、精确度、可靠性和杀伤半径等性能，计算出冷兵器、热兵器、热核兵器等历史时期主要兵器的相对杀伤效能，即兵器杀伤力的理论指数（TLI）[111]116。总体上看，武器装备的发展演变史，体现了不同时代颠覆性技术，特别是打击技术驱动武器装备杀伤效能提升的过程。

金属冶炼技术的出现，使兵器的质地发生了颠覆性改变，在石兵器被淘汰的同时，铜兵器和铁兵器迅速兴起，渗碳、淬火和炼钢等技术被应用于兵器制作，促使武器装备的打击能力显著提升。秦始皇陵兵马俑坑中出土文物表明，当时的实战金属兵器种类多样、制作精致，刀刃至今锋利如初、光亮无锈。经化验分析，铜剑的成分除了以铜为主，还含锡 21.38%、含铅 2.18%、含锌 0.041%[112]。这足可看出当时是非常重视兵器的材质选择和工艺制作的。如今，火法冶炼、湿法提取和电化学沉积等冶炼方法和技术在继承创新中不断发展完善。

火药的出现和火器制作技术的发展，使枪械经历了由前装到后装、由滑膛到线膛、由非自动到自动的重大变革，并出现了迫击炮、加农炮、榴弹炮等火炮。时至今日，枪炮仍是部队列装的主要火力打击武器。随着冶金学、弹道学、电子学等的进步，传统火器在向射程更远、射速更快、精度更高的目标迈进，一些颠覆传统的新式火器纷纷问世。比如，澳大利亚研制的 36 管"金属风暴"武器系统，采用电子化学气点火技术，射速超过每分钟 100 万发，远远超过传统火器的射速，杀伤威力极大[113]。

动力机械技术的出现，产生了集打击、防护和机动于一体的坦克。从作用机理上看，动力机械技术并不属于打击技术，而属于机动技术。但是，动力机械技术实现了火炮的快速机动，间接提升了打击能力。现代坦克的主炮口径为 105～125mm，能够发射多种弹药，直射距离为 1800～2000m，射速每分钟 7～10 发。目前，坦克普遍装备了以计算机为中心的火控系统，包括数字式火控计算机及传感器、火炮双向稳定器和瞄准线稳定装置、炮长和车长瞄准镜、微光夜视仪或热像仪、激光测距仪、车长和炮长控制装置等，极大地提升了坦克的打击精度。

原子核反应技术的出现，诞生了原子弹、氢弹和特殊性能核弹等核武器。核爆炸产生的冲击波、光辐射、早期核辐射、放射性沾染和核电磁脉冲等杀伤破坏效应，完全颠覆了人们的认知。直到今天，核武器仍然是令人闻风丧胆、谈之色变的大杀器。在以原子弹和氢弹为代表的第一代和第二代核弹基础上，主要核大国开始探索和研究第三代、第四代核弹[112]387。其中，第三代核弹是效应经过"剪裁"或增强的特种核弹；第四代核弹是以高能炸药代替核裂变扳机来提供核反应所需条件。目前，美国、俄罗斯等拥有核武器的国家，纷纷开展核武器现代化计划，推动核武器向小型化、精细化、多样化方向发展。

精确制导技术的出现，极大地提高了不同种类的导弹、炸弹和炮弹的直接命中概率。由于具备"发射后不管"的精确打击能力的精确制导武器逐渐成为现代战争中火力打击的主角。近年来，一体化设计、制导控制、惯性导航、动力系统、战斗部和引信等技术的发展，使得一批更快、更远、更准的精确制导武器竞相亮相。而量子技术、太赫兹、微系统、超材料、智能制造等前沿新兴技术的突破和应用，将在更深层次、更大范围影响精确制导武器的发展和作战运用模式。

网络信息技术的出现，使得网络的"黏合剂"作用和信息的"倍增器"效应凸显。通过网络信息技术的联通性、渗透性和融合性，使武器装备的打击能力得到极大提升。美军曾利用网络信息技术的渗透性，通过"内部嵌入法"改造现有武器装备，大幅提高了武器装备的打击效能。例如，美军对武器装备实施信息化改造后，M1A1 坦克的进攻能力提高 54%，毁伤概率提高 1 倍；AH-64 攻击直升机的杀伤力提高 4.2 倍，抗毁性提高 7.2 倍，总体作战能力提高 16 倍[114]。面向信息赋能、网络聚能、体系增能、精确释能的新时代，在新质能力日益涌现的驱动下，基于网络信息体系的打击能力将实现质的跃升。

人工智能技术的出现，不断推动智能化、无人化武器装备和平台的创新发展和作战运用，促进无人坦克、机器人、无人机等作战平台及智能化弹药的自主打击能力显著提升。基于无人系统造价低廉、集群运用等优势，可实现打击平台从有人到无人、打击方式从有限打击到饱和打击的颠覆性改变。无人系统的发展和应用已被世界军事强国高度关注。美国陆军计划用 3 种型号的无人战车满足 3 类部队的能力需求[63]36：轻型无人战车用于步兵旅级战斗队，中型无人战车用于"斯特赖克"旅级战斗队，重型无人战车用于装甲旅级战斗队。俄罗斯在叙利亚对"天王星-9"武器机器人进行了实战测试，验证了多功能侦察和火力支援系统。该机器人外形像一个微型坦克，其炮塔上安装有一门 30mm 自动炮。除无人系统外，智能化弹药应运而生。比如，将无人机技术和弹药技术进行有机结合产生的巡飞弹药，可实现侦察与毁伤评估、目标指示、精确打击、通信中继和空中警戒等多项任务。目前，美军已开始发展多种平台携带的巡飞弹药，主要型号包括：155mm/203mm 榴弹炮发射的"快看"（Quicklook）侦察型巡飞弹药、坦克炮发射的一次性多用途炮射巡飞弹药、"网火"非直瞄火力系统发射的"拉姆"（LAM）巡飞弹药等[115]55-56。

综上所述，金属冶炼技术、火器制作技术、原子核反应技术、精确制导技术、人工智能技术等实现了武器装备打击能力的颠覆性改变。颠覆性打击技术的分类及其产生的颠覆性效果，如表2.1所列。

表2.1 颠覆性打击技术的分类及其产生的颠覆性效果

颠覆性打击技术分类	武器装备及其打击能力的颠覆性改变
金属冶炼技术	从脆弱到坚韧、从笨钝到锋利
火器制作技术	从材料对抗到能量对抗、从接触到非接触、从近程到远程
原子核反应技术	从小范围到大规模
精确制导技术	从粗放到精确
人工智能技术	从有人到无人、从有限到饱和

注：从作用机理上看，上述颠覆性打击技术均直接实现了武器装备打击能力的颠覆性改变。由于动力机械技术、网络信息技术只是间接提升了武器装备的打击能力，因而并未将这两类技术列入颠覆性打击技术，而是分别列入颠覆性机动技术和颠覆性信息技术。

2.3.2　颠覆性防护技术

防护技术主要经历了盾盔防护、装甲防护、隐身防护、网络防护、智能防护等阶段。相对打击技术来说，防护技术的发展往往要滞后一些。一般而言，总是先有矛而后有盾的。也就是说，防护技术通常是被动发展的。

冷兵器时代，盾牌和盔甲属于单兵防护器具，阵防是作战条件下的野战临时性集体防护措施，构筑永备工事是长期的集体防护手段。对于单兵防护器具，随着金属冶炼技术的发展，盾牌和盔甲的质料逐渐由木、竹、皮革等向铜、铁过渡，种类更加多样，地位日趋重要。

自坦克问世以来，装甲防护成为战场上的重要防护手段，防护能力出现了质的跃升。为了提高装甲车辆车体的抗击穿能力，装甲材料技术、装甲防护结构设计技术、装甲防护单元集成技术等取得了长足发展。例如，俄罗斯T-95坦克的炮塔上覆盖着一层用新型复合材料制作的爆炸反应装甲，从炮塔的前部经顶部一直延伸到后部，极大地提高了炮塔对攻顶型反坦克导弹和武装直升机的防护[116]。目前，在装甲防护方面，除研制新型装甲之外，还采用隐身技术、干扰技术、压制技术、诱骗技术、自动拦截技术等主动防护技术。

隐身技术的出现，减弱了目标自身的反射和辐射特征信号，使目标难以被探测发现。隐身技术通常采用合理设计结构与外形，选用隐身材料、表面涂层和伪装涂色等措施，减少武器装备的目标特征信号，以提高生存和突防能力。在雷达隐身、红外隐身、可见光隐身、声隐身、磁隐身等技术推动下，隐身飞机、隐身坦克、隐身装甲车、隐身火炮等多种隐身武器纷纷亮相。比如，采用雷达隐身外形设计技术、热惯量控制技术和多频段隐身材料应用技术的装甲车辆，被对方探测系统发现的概率将大大降低。

网络防护技术的出现，为保护己方网络信息系统正常运行，确保信息数据安全有效提供了可靠支撑。从技术分类看，主要包括软件和硬件防护技术。从功能定位看，网络防护技术的发展大致经历了三个过程：第一代防护技术以"保护"为目的，主要包括加密、认证、网络隔离、访问控制、防火墙等技术；第二代防护技术以"保障"为目的，主要包括入侵检测、网络取证、溯源与反溯源、数据恢复等技术；第三代防护技术以"顽存"为目的，主要包括面临攻击下保持系统幸存和自动恢复能力技术，系统在攻击下的可检测、控制和操作技术等[117]255。由此可看出，网络防护从各司其职向协同防护、从信息保护向信息保障、从被动防护向主动防护演变。

人工智能技术的出现，促使无人化武器装备和平台的创新发展和作战运用。用机器代替人类上战场进而实现参战人员"零伤亡"，这是人类梦寐以求、期待已久的目标，也是人类在军事上开发和应用人工智能技术的最主要目的。从这个意义上讲，实现"智能防护"的人工智能技术也是当今时代颠覆性的防护技术。与此同时，为了提升无人系统的抗干扰、抗打击、抗摧毁能力，也要采取有效的被动和主动防护技术，以提高战场生存能力。

综上所述，虽然历史上出现的防护技术有多种，但是对战术变革起到革命性作用，能够称得上颠覆性防护技术的，笔者认为，主要包括装甲防护、网络防护和智能防护技术。颠覆性防护技术的分类及其产生的颠覆性效果，如表 2.2 所列。

表 2.2　颠覆性防护技术的分类及其产生的颠覆性效果

颠覆性防护技术分类	武器装备及其防护能力的颠覆性改变
装甲防护技术（包括金属冶炼、新材料、隐身等技术）	产生以坦克为代表的装甲防护装备，首次实现打击、防护、机动等能力于一体
网络防护技术（包括软件和硬件防护技术）	促进网络信息系统安全稳定运行，确保信息主导作用的发挥
智能防护技术（以人工智能技术为核心）	促使无人系统走上战场，实现有人防护到无人防护的颠覆性改变

2.3.3　颠覆性机动技术

自从军队诞生以来，陆上机动工具经历了战车、骑兵、装甲车辆（履带式、轮式）、运输车辆（汽车、摩托车）、铁路列车等。对于陆军部队而言，除陆上机动外，根据作战需要，可以搭乘直升机、运输机实施空中机动，还可以乘坐舰船实施海上机动。一般来说，机动能力主要通过机动平台或载体的速度反映出来。

战车是冷兵器时代重要的机动工具。战车对于徒步的士兵来说，不仅具有机动速度上的显著优势，还能对步兵造成难以抗衡的巨大冲击力。古代战车靠畜力牵引，加之受地形影响较大、车体笨重、驾驭困难等，其弱点也逐渐暴露出来。

随着战车的衰落，骑兵作为一个独立的兵种迅速兴起。骑兵集机动和打击能力于一身，驰骋沙场、所向披靡。T. N. 杜普伊在《武器和战争的演变》中这样评价成吉思汗率领的骑兵部队："蒙古人通过严格的军事训练和纪律养成，建立了一支以弓箭为武器，以骑兵为基础的军队。战争的实践证明，这是一支所向无敌的军队。"[111]100 随着连发步枪和机枪的发明和使用，特别是坦克的出现，迫使骑兵退出历史舞台。

从战术变革的角度来考察，动力机械技术是真正具有划时代意义的颠覆性技术。蒸汽机、内燃机技术的出现和迅速发展，不仅直接提升了军队的机动能力，而且有力促进了武器制造业的蓬勃兴起。

自从动力机械技术出现后，长期以来机动技术一直处于相对平稳的发展期。虽然内燃机技术不断改进完善，但是从"速度"这一指标来衡量，军队的机动能力并未发生质的跃升。根据目前的机动技术发展现状和趋向，未来5～15 年乃至更长的一段时间，出于安全性、经济性等因素考虑，机动技术难以有革命性突破，仍将处于渐进性增长的缓慢发展期，因而对战术变革的影响相对较小。

综上所述，虽然历史上出现的机动技术和机动工具有多种，但是对战术变革起到革命性作用，能够称得上颠覆性机动技术的，笔者认为，唯有动力机械技术。颠覆性机动技术的分类及其产生的颠覆性效果，如表 2.3所列。

表 2.3 颠覆性机动技术的分类及其产生的颠覆性效果

颠覆性机动技术分类	武器装备及其机动能力的颠覆性改变
动力机械技术（包括蒸汽机、内燃机等技术）	产生以坦克为代表的机动工具，首次实现打击、防护、机动等能力于一体

2.3.4 颠覆性信息技术

军事信息技术是获取、传输、存储、处理和利用军事信息的技术。军事信息技术是由相互关联、密不可分的若干技术构成的"技术群"。信息的主导作用，以及信息系统的联通、融合和共享功能，实现了信息优势向决策优势和行动优势的转化。在传统信息技术渐进性发展的同时，一些颠覆性的信息技术异军突起，必将为战术变革提供强大助推力。

在信息获取技术领域，新型传感器技术取得了突破性进展。为满足未来战场对信息获取时效性、准确性、连贯性的要求，一些采用新材料、新工艺的新型传感器陆续问世，如具有高灵敏度和宽频谱范围的量子传感器。小型化、集成化、智能化传感器在一定范围内得到应用，如可与人类进行交互的机器人触觉传感器。传感器技术与其他学科交叉融合，向无线网络化方向加速发展。

在信息传输技术领域，高速保密通信技术取得了突破性进展。随着超密集组网技术的突破，以及宏基站和微基站射频芯片性能的提升，移动互联频谱利用效率大大提高，高速率、大容量、低延时的 5G 部署进程加快。基于量子不可克隆和测不准原理，以及纠缠粒子的关联性和非定域性等特性，量子密钥分发、量子安全直接通信等量子保密通信技术不断取得突破，已经从实验室演示走向了小范围实用化，正向远距离、高速率、网络化的大规模应用方向快速发展。

在信息存储技术领域，新型存储技术取得了突破性进展。为应对数据产生量的爆发式增长和海量数据的长时间安全存储问题，基于新机理、新方法、新材料的存储技术不断被突破。全息光存储新方法突破了传统光存储二维记录、一维读写的理论极限，使得数据存储密度更高、速度更快、寿命更长；区块链采用"去中心化"分布式存储方式，使数据"不可篡改"；"万物DNA"材料具有的巨大存储潜能，让存储无处不在。

在信息处理技术领域，大数据处理技术取得了突破性进展。基于大数据的 5V 特点[117]126-127，即大容量（Volume）、多样性（Variety）、快速率（Velocity）、价值性（Value）、模糊性（Vague），在云计算技术的支撑下，大数据采集、大数据预处理、大数据存储和管理、大数据分析和挖掘、大数据展现和应用等大数据处理技术得到快速突破和发展。一些先进的大数据处理工具也纷纷亮相和投入使用，如批处理引擎 MapReduce、DAG（Directed Acyclic Graph）计算引擎 Spark、交互式计算引擎、流式实时计算引擎等[30]175。

综上所述，信息获取、传输、存储、处理等技术实现了武器装备信息能力的颠覆性改变。颠覆性信息技术的分类及其产生的颠覆性效果，如表 2.4 所列。

表 2.4 颠覆性信息技术的分类及其产生的颠覆性效果

颠覆性信息技术分类	武器装备及其信息能力的颠覆性改变
信息获取技术（包括新型传感器、人机交互等技术）	实现信息获取时效性、准确性、连贯性等颠覆性改变
信息传输技术（包括移动互联、量子通信等技术）	实现信息传输速率、容量、安全等颠覆性改变
信息存储技术（包括区块链、新材料等技术）	实现信息存储密度、速度、寿命等颠覆性改变
信息处理技术（包括大数据、云计算等技术）	实现信息处理容量、种类、速度等颠覆性改变

本节从战术变革的角度，从打击技术、防护技术、机动技术和信息技术四个领域对颠覆性技术的构成要素进行了区分。需要说明的是，鉴于技术的融通性、渗透性和交叉性，这只是一种相对的区分方法。比如，人工智能技术既是颠覆性打击技术，也是颠覆性防护技术，还融合渗透至机动技术和信息技术；大数据、云计算等技术，既是颠覆性信息技术，也是人工智能技术的基础支撑技术。正如前文所言，这四类技术共同构成了多技术群融合渗透的颠覆性技术体系。之所以这样区分，是为了搞清某类技术引发武器装备效能颠覆性改变的途径和方式，以便于清晰考察和深入探究颠覆性技术引发战术变革的内在机理和主要规律，从而准确把握战术变革的未来趋向。

第 3 章

颠覆性技术引发战术变革的
历史考察

欲知大道，必先知史。回顾战术发展变革历程，不同时代颠覆性技术的出现和演变，汇聚形成一股股强大的推力，促使武器装备打击、防护、机动和信息能力发生质的提升，进而驱动战术一次又一次飞跃。颠覆性技术引发战术变革是一个由量变到质变的演变过程，表现为继承与发展的统一、渐进性与飞跃性的统一。

3.1　金属冶炼技术及其催生的阵式战术

战术是随着军队的出现和武器的产生而形成的。在原始社会，起初的部落冲突规模较小、参战人数有限、战斗队形杂乱，完全依靠单个士兵的肉搏。士兵手中的武器，同时也是劳动工具。正如恩格斯所说："最古老的工具是些什么东西呢？是打猎的工具和捕鱼的工具，而前者同时又是武器。"[4]556 士兵用于战斗的武器，起初以石器为主。

随着生产力的提高，一些原始的手工业相继发展起来，并出现了冶铜手工业。人类从石器时代进入金属时代，是从冶炼和使用青铜开始的[109]29。青铜是铜、锡、铅等元素的合金，它与纯铜相比，熔点较低、硬度较高、铸造性能较好。青铜的这些特性，使它适宜制作尖锐、锋利的武器。与石兵器相比较，青铜兵器增强了军队的杀伤能力，因而逐步取代石器成为战场的主战装备。

青铜时代的军队由步兵、战车、骑兵组成。在这一时代的绝大多数时间里，战车都是军队的主力。战斗使用的兵器以近程兵器为主，即使是弓箭等远程兵器，其作用距离也非常有限。为了最大限度地实现戈、矛、戟、剑等青铜兵器的打、击、钩、啄、砍等杀伤效果，战斗双方必须采用近距离的肉搏。因此，兵器的性能要求军队减小纵深，将兵力集中配置在一线上，以缩短与敌方的距离，同时确保车步能互相掩护、同时战斗。此外，战斗双方的兵力较少，通常一次战斗使用的兵力就是其主要或全部兵力。战斗的胜负往往一个冲锋就能决定。受武器装备的性能、兵力在时间上的集中等因素制约，战斗采用纵深较浅的横排队形。这样，在青铜冶炼技术出现并导致青铜兵器大量运用于战斗后，阵式战术就诞生了。阵的出现，是战术发展史上的一次巨大飞跃。这个时期的阵形为一线横排方阵，采用的战法是沿正面平分兵力的全正面攻击[109]52。

全正面攻击方法，靠的是战斗人员的勇气和武艺，本质上是蛮力与蛮力的对抗。战斗结束后的场景通常是横尸遍野、血流成河。这是死拼硬打、缺乏智慧的机械方法。随着人类文明和文化的发展，指挥艺术逐渐融入战术。人类在使用阵式战术时创立了侧击、包围、诱退、伏击、夹击等战术，而且还产生了主攻方向和预备队的萌芽。例如，公元前 632 年的城濮之战，集中运用了侧击、诱退、夹击等战法[109]62。技术和艺术的结合，为战术运用注入了新的活力、增强了新的动力。

随着青铜兵器的广泛运用，其铸造工艺也不断提高。以我国战国时期的青铜剑为例，剑脊和剑刃的合金含量不同，剑脊含锡约 10%，呈红色，不易折断；剑刃含锡约 20%，质脆而硬，锋利异常[118]26。有的青铜剑还用铬酸盐进行表面处理，以防止腐蚀。但是青铜有其自身的局限性，特别是随着战争实践的发展，人们对在青铜兵器中占有重要地位的剑的制造提出了两个方面的要求：一是增加剑身的长度，二是使剑更加坚韧锋利[118]26。尽管这时青铜剑的工艺水平已经很高了，但制出的武器在上述方面仍难以满足要求。这就产生了寻求比青铜更好的原材料和生产技术的动因，结果就是铁兵器制造业迅速崛起。

与青铜相比，铁矿分布较为广泛、易于推广利用。据记载，到了战国时期，我国已有 467 座铜矿山，3609 座铁矿山[119]12。冶铁技术在兵器制作上的应用不是一帆风顺的，经历了熟铁、生铁、钢铁三个阶段。熟铁缺乏碳元素，性柔软，用来制造兵器硬度不够；生铁含碳元素过多，性硬而脆、耐磨性强，可以铸造农具，但不适于铸造兵器；钢铁冶炼技术弥补了熟铁和生铁制作兵器的缺陷，使得铁兵器取代青铜兵器成为历史必然。

铁兵器的发明和广泛运用，不仅使兵器的质地发生了根本性变化，而且改变了军队的人员组成结构。在希腊军队中，不但有贵族和平民，而且"最贫穷的阶级——贫民也列册当兵"[120]。杀伤力大、造价低廉的铁兵器大量生产，使步兵人数大量增加。这一时期出现的弩和投石器等远程武器增强了军队的远程杀伤能力，使目标暴露、队形密集的战车受到严重威胁。加之战车不适于在复杂地形作战，且其战斗效能发挥受空间限制。这些条件从根本上动摇了战车的地位，使得步兵逐渐成为独立的兵种和军队的主力。

战车的衰落、步兵的壮大，促使战争规模不断扩大。战争规模的扩大，使战争目的已经不能由一次较大的军事行动来完成，而是要由多个军事行动相互配合才能实现。随着参战人数的增加，作战空间也随之扩大，广泛的战场机动成为取胜的重要因素。宽正面、浅纵深的密集横排队形已不能适应战斗需要，逐渐被弹性（纵深）大、机动性强、灵活性高的集团队形所取代。由于兵力可以纵深配置，使集中兵力成为可能，而且进一步还可编配纵深梯队和预备队。一线横排方阵沿正面平分兵力，实质上是在时间上集中兵力。纵深梯队和预备队，实质上是在空间上集中兵力。如何考虑正面和纵深，也就是如何分配时间和空间上的兵力，是由当时的军事技术水平和武器装备性能决定的。此外，由于预备队增加了战斗队形的纵深力量，不仅改变了以前战斗的一次性冲锋就决定胜负的局面，而且还可以使用预备队应付紧急和意外情况。

在步兵成为战争舞台主角的同时，一种机动力更强、冲击力更大的兵种随着战车地位作用的削弱而产生了，这就是统治战场达一千多年的骑兵。据记载，最早在战争中使用骑兵的是亚述军队[120]。战车的衰落，丰富的马匹资源，以及游牧民族擅长骑术，使他们比其他民族更早地使用骑兵进行作战。骑兵的出现，虽然没有改变兵器的性质，但是却使军队的机动力剧增。骑兵是战马和步兵的结合，也就是机动力和杀伤力的结合。随着马鞍、马镫、铠甲等装具，以及戟、矛、刀、剑等格斗武器的发展完善，骑兵逐步代替步兵，成为决定作战胜负的主要力量。

为充分发挥骑兵速度和力量的优势，骑兵采用的是快速集团战术。步兵战术只具备集团的性质，而不具备快速性。后来的坦克战术虽然也有快速性，但却是集群的性质。冷兵器是集团的象征，火器是集群的象征。集团代表密集，集群代表合理的疏开。骑兵采用的快速集团战术，就战斗队形而言，本质上仍是阵式战术。比如，13 世纪中国的骑兵战术进入鼎盛时期时，成吉思汗创立的大鱼鳞阵仍具有方阵的色彩。

回顾金属冶炼技术发展史，出现的青铜兵器与战车、铁兵器与弓弩、骑兵格斗装具等代表性武器[121]，分别诞生了战车、步兵、骑兵等决定战场胜负的新兴力量。金属冶炼技术不断驱动武器效能和战场力量决定性地位的颠覆性变化，促进了阵式战术的不断发展和完善。

3.2 火药制作技术及其催生的线式战术、纵队战术和散兵线战术

火药是中国四大发明之一。火药用于军事的结果是产生火器。中国是世界上首先发明火药的国家，同时也是首先使用火器的国家[118][141]。火药从发明

到应用于军事，经历了一个漫长的过程。正如恩格斯所说："在 14 世纪，火药和火器传到了西欧和中欧。现在，每个小学生都知道，这种纯技术的进步，使整个作战方法发生了革命，但是这个革命进展得非常缓慢。"[4]375

据《九国志》记载，我国在 10 世纪初，在世界历史上第一次将火药应用于军事[118]137。14 世纪初，我国发明了世界上最早的金属管形火器[109]158。随着金属管形火器的出现，火器向枪和炮两个方面发展。14 世纪末，西方开始使用火绳枪。但这时的火绳枪比较笨重，使用不便。15 世纪末到 16 世纪初，西方在枪、炮的发展上有了重大突破。法国人改进了火炮，不仅轻便，便于野战使用，而且安装了带车轮的炮架，便于战场机动，为火炮的运用开辟了广阔的前景。1521 年，西班牙人改进了火绳枪，发明了西班牙式火枪[109]164。这种火枪重 8～10kg，口径在 23mm 以内，射程可达 250m，可穿透甲胄。射击时，身管架在枪架上，并装有瞄准装置，大大提高了命中精度。1618 年至 1648 年，在欧洲"三十年战争"后期，纸壳弹被大量运用，加快了弹药装填速度。17 世纪末，西方发明了刺刀、燧发枪机和新型子弹。刺刀取代了长矛，燧发枪机和新型子弹提高了射速。18 世纪初期，西方各国军队装备了燧发枪等新式步兵武器。燧发枪装填弹药需要花费一定时间，战斗队形的纵深取决于装填弹药这一重要因素。由于当时燧发枪的射击精度不高，为了充分发挥火力优势，必须采取齐射的方式。一排排士兵按照指挥员命令统一进行射击。这个时期火器的性能决定了浅纵深的战斗队形。

随着火药制作技术的发展和枪械制造技术的提升，火器的数量逐渐增加、质量逐步提高，最终取代了冷兵器。由于枪、炮火力的增加和大量列装，对密集队形造成了巨大的杀伤。为了减少伤亡，战斗队形的纵深越来越浅，采用宽正面浅纵深的线式队形。这种队形通常的兵力部署为：中间是纵深较浅、正面较宽的线状横队，两翼是骑兵分队，步兵火炮配置在正面或横队之间，重炮配置在两翼。自此，火器时代的线式战术产生了。

线式战术是在冷兵器退出历史舞台、火器占绝对统治地位后出现的。这种战术的优点是显而易见的，即便于发挥更多数量火枪的火力打击优势。但是其缺点也暴露无遗：横队纵深较浅，易被突破；正面过宽，翼侧被攻击时不能相互策应；变换队形困难，机动性较差；作战地形受限，狭长的横队仅适于平坦开阔地形；靠步兵和炮兵火力决定胜负，扩大战果只能寄希望于骑兵；横线的步兵实施追击较困难。

正是认识到了线式战术的上述缺陷，美军在 1775 年的革命战争中首次采用散兵群队形击败了队形严整的英军[109]169。散兵群是一种三五个单兵成群、战斗中彼此散开的战斗队形。战斗中，美军把英军引诱至农场、庄园、森林等复杂地形，利用地形机动和隐蔽地打击敌人。英军在复杂地形上难以保持战斗队形，无法发挥火力打击优势，并四处暴露于美军火力之下。而且英军行动呆板，无法对机动灵活、行动迅速、隐蔽疏散的美军实施追击。散兵群的出现，为散兵线战术的产生奠定了基础。

随着直枪托改进为弯枪托，眼睛可以顺枪管进行瞄准，枪的射击精度大大提高。18 世纪末期，步兵开始使用枪托弯曲的枪。炮兵广泛使用了 18 世纪中叶创造的轻便坚固的炮架，极大地增强了火炮的机动能力。炮兵还使用了改进后的炮弹，打击能力有了显著提高。在火器打击、机动能力提升的条件下，在法国革命中散兵群战术有了新发展。法军在作战中发现，在敌人火力打击下，纵队比横队更容易保持队形。从 1795 年起，散兵线与纵队相结合的战术开始形成[109]170。1813 年以后，被拿破仑不断完善的这一新战术在西方各国军队普遍运用[109]171。

散兵线与纵队相结合的队形，不仅能在复杂地形上进行兵力机动，而且还可以集中兵力对敌人的线式横队实施突击或从翼侧实施迂回。为了增强火力打击能力，步兵纵队可以疏散成散兵线或横队；为了增强突击力量，还可以重新变成纵队。与线式战术相比，散兵线与纵队相结合的战术，虽然能够适应多种地形，更加灵活多变，但是却存在明显的缺点。纵队可以增强突击力量，但是却不利于发挥火力，而且队形密集，容易遭到敌方火力杀伤；机动和突击还没有与火力有机结合起来；密集纵队只能实施火力准备而无法进行支援射击[109]172。

19 世纪，冶金、机械加工、化学和弹道学等方面的进步加速了战术变革的进程。19 世纪前半叶，军事领域有两个重要的发明，即火帽和圆锥形弹丸[118]170。1814 年出现了用雷汞制造的火帽[118]170，火帽的发明，使弹壳可以在发射之后就弃去不用，这为后膛枪炮制造奠定了基础。1823 年，英国人发明了圆锥形弹丸[118]170。19 世纪 40 年代，燧发枪被底火击发枪取代。1856年，后装线膛枪被正式定名为步枪[122]306。随后西方各国军队的滑膛枪逐步被步枪取代。早期的火绳枪和燧发枪都是滑膛枪，由于子弹和枪管内壁之间必须有一定空隙，因而大大影响了它们的射程和精度。而步枪的枪管内刻有螺旋式的膛线，可使弹丸旋转且稳定地飞行。步枪子弹为金属定装式子弹，由弹壳、火帽、发射药和弹丸组成。步枪不仅射速和射程增加了，而且命中精度也提高了。后来，步枪逐步发展为半自动步枪、自动步枪。步枪的大量使用，使散兵线后的密集纵队面临被对方炮兵和步兵火力杀伤的威胁。在战斗中，人们逐渐发现，散兵线不仅能充分发挥新式步枪的威力，而且也能在这种步枪火力的威胁下战斗；纵队在战斗中自行疏散成散兵群，不但没有影响战斗进程，反而更有利于作战。这样，散兵群就代替了纵队，在适应性、机动性和打击能力等方面具有优势的散兵线战术就产生了[109]173。

采用散兵线战术时，步兵在接敌运动中成疏开队形行动，到达步枪火力射程之内散开成散兵线，并一边射击，一边利用地形向前跃进。在冲击出发阵地集中后，主力步兵后面的炮兵即以超越射击对敌人进行火力准备，随之步兵跃出阵地，向敌人冲击。在冲击过程中，步兵以密集的步枪火力掩护自己，并杀伤敌人，运动的姿势也根据地形和敌情的不同而灵活变换。骑兵的主要任务是实施侦察，迂回侧击敌军的翼侧，扩大战果，同步兵一起实施追击等。散兵线队形的优点，是能在密集火力下、在各种地形中进行战斗，并将火力与突击、机动紧密结合起来，还能灵活地机动兵力和实施追击。

从线式战术、纵队战术到散兵线战术的产生，标志着单发火器时期的战术全面成熟[121]133，这是以火药制作技术为代表的颠覆性技术出现和演变的必然结果。

3.3 动力机械技术及其催生的机械化条件下的合同战术

17 世纪自然科学的发展，导致了 18 世纪从英国开始的、席卷欧洲的工业革命。蒸汽机的发明为工业革命发展提供了强劲动力。恩格斯曾指出："17 世纪和 18 世纪从事制造蒸汽机的人们也没有料到，他们所制作的工具，比其他任何东西都更能使全世界的社会状态发生革命。"[4]561 蒸汽机的发明是科学和生产相结合的产物，是在 100 年间在许多国家的发明家的成果的基础上，最后由瓦特完成的。瓦特完成蒸汽机的发明分为单冲程蒸汽机和双冲程蒸汽机两个阶段。由于双冲程蒸汽机转速可调节，因而立即得到推广。随后，蒸汽机的制造又利用了为制造大炮而设计的精密炮筒镗床，保证了汽缸的准确造型，以此带动了蒸汽动力机械的突飞猛进[118]221。但是，蒸汽机在广泛使用的过程中逐渐暴露出一些严重的缺陷。它虽然能将热能转换成机械能，但热效率很低，当时一般只能达到 5%～8%[118]246。而且蒸汽机结构笨重，启动和关停都需要一个准备过程，能量的传递还受距离限制。因此，在人们关注新的能量转换形式和新的动力研究的情况下，诞生了内燃机技术。

动力机按工作方式可分为内燃机和外燃机两大类。蒸汽机的缺陷主要是外燃造成的，因此人们就想制造一种燃料在汽缸内燃烧做功的机器。1859 年，法国的莱恩瓦研制成功二冲程、无压缩、电点火的煤气内燃机，形成了内燃机研究热潮[118]246。由于煤气的热值较低，制备和携带均不方便，因而体积小、重量轻、马力大、效率高的汽油内燃机、柴油内燃机陆续研制成功。

动力机械技术的突飞猛进，促进了整个工业技术体系的迅速发展，不但使民用制造业蓬勃兴起，而且刺激了军用制造业的快速崛起，出现了机枪、坦克、飞机等一系列对战术变革具有重大影响的新式武器。

1883 年，美国的马克沁发明了世界上第一挺实用的机枪[109]174。连发武器的出现，极大地增强了步兵火力。在 1904 年至 1905 年的日俄战争中，步枪、机枪、速射炮和榴弹炮等新式武器得到了一定程度的运用，战斗中的火力成倍增强。俄军对日军阵地通常采取正面进攻的方式，不注重翼侧迂回，也不实施机动，导致俄军伤亡较大。据战后统计，在这次战争中，俄军被火器杀伤的占 98.35%，其中被炮火杀伤的占 25%[123]259。战争实践表明，以前那种依靠步枪火力从正面冲击的密集散兵线容易遭到敌方各种火力的杀伤，火力成了取胜的首要条件。在散兵线战术过时的情况下，在1914 年至 1918 年的第一次世界大战中，一种新的战术诞生了，这就是集群式散兵战术。

集群式散兵战术的特点主要表现在两个方面：一方面，在空间上集中兵力，也就是把步兵分成多个小集群，形成散兵线；另一方面，在时间上分散兵力，也就是进攻战斗队形成纵深梯次配置，以集群形式编组的散兵线在火力掩护下分批次对敌展开进攻。采用这一战术时，需要高度密集的火力，并且纵深梯次配置队形的兵力密度较高。第一次世界大战后期，一般每千米正面配置 150～180 门火炮和迫击炮，以及 10～12 个营的兵力[109]189。在步兵决定胜负的时代，这种大量集中兵力兵器的方法，在强大的防御火力压制下，只能达成战术突破[109]190。在第一次世界大战末期，由于坦克在数量和质量上的限制，对于坚固的具有较大纵深的防御阵地，进攻方仍然感到束手无策。

以内燃发动机为动力、以机枪为武器的坦克在第一次世界大战中的首次运用，虽然取得了惊人的战绩，但是受当时军事技术水平限制，其性能还需进一步改进和提高。自从 1903 年美国莱特兄弟发明飞机以来，经过技术的不断发展完善，到第一次世界大战前夕军用飞机已有很大发展，不少国家的军队都实现了列装，这使战场由地面作战转变为立体作战。集群式散兵战术充分发挥步炮协同、步坦协同和空地协同的优势，提高了军队的火力打击和机动突击能力。合同战术在第一次世界大战中初显威力，但还处于萌芽期，它的真正发展完善是在第二次世界大战期间。

第一次世界大战结束后，随着军事技术的发展，坦克的性能不断提升，主要提高了坦克的打击、防护、机动和信息能力。通过增加坦克火炮口径、提高炮弹初速、改进炮弹等措施，提高打击能力；通过改进装甲和增加装甲厚度，提高防护能力；通过提高发动机功率、改进传动和操纵部分的机械结构，提高机动能力；通过采用无线电通信技术，提高信息能力。到第二次世界大战时，不但坦克的打击、防护、机动和信息能力都有很大提升，而且各种类型的坦克也相继问世。除重型、中型、轻型坦克外，还有水陆坦克、架桥坦克、抢修坦克等。在不少国家军队编制中都出现了坦克团、坦克师，坦克兵成为独立兵种。坦克成了第二次世界大战的"宠儿"。

除坦克外，内燃机技术用于陆军装备后，出现了各种军用摩托、越野运兵车、步兵战车、自行火炮、装甲侦察车、工程车、弹药车、通信指挥车、救护车等，军队中出现了摩托化、机械化部队，大大提高了地面作战的机动能力。

坦克及其军用车辆技术的发展，最终吹响了骑兵的"送殡曲"。在现代火器所营造的空前高压下，在所向披靡的高速坦克面前，咆哮嘶鸣的战马只好被转移到比较安全的后方另作它用了。以往代表军队精华的骑兵战士不得不下马徒步作战或改驾车辆，面对"陆战之王""战争之神"等一系列突飞猛进的武器新技术，骑兵最终退出了历史舞台。

在第一次世界大战中，作战力量的核心是步兵。但实践表明，步兵的突击能力较弱，难以突破纵深梯次、火网交叉、障碍重重的绵亘阵地。因此，第二次世界大战首先要解决如何"突破"的问题[109]209。在当时空中打击力量尚未全面、高度发展的情况下，由于坦克集打击、防护、机动和信息能力于一体，显然人们把"突破"的重担寄希望在坦克身上。要实现"突破"，就必须有机动能力很强的快速集群，即坦克集群；要有效"突破"坚厚阵地，就必须集中主要力量于突破地段，而这种空间集中兵力的最好办法，就是将兵力兵器做纵深梯次配置。于是，就产生了梯次快速集群战术。这一战术成了第二次世界大战中广泛使用的战术。

梯次快速集群的"三大支柱"是坦克集群、航空兵集群和摩托化步兵集群[109]204。坦克集群用于实施快速突破，并迅速向敌纵深腹地机动，阻止其纵深防御阵地的建立；航空兵集群的主要任务是提供空中火力支援，掩护坦克集群向深远纵深进攻，同时阻止敌纵深预备队开进和使其后勤补给系统瘫痪；摩托化步兵集群的主要任务是扩大坦克集群的战果，合围歼灭敌人的重兵集团，并巩固后方地域。此外，使用空降兵在敌纵深实施空降，配合地面作战行动。

集群式散兵战术、梯次快速集群战术，分别是第一次世界大战、第二次世界大战采用的主要战术，是机械化条件下合同战术形成和发展的主要标志[121]134，是以动力机械技术为代表的颠覆性技术出现和演变的必然结果。

3.4 原子核反应技术及其催生的核武器条件下的合同战术

20 世纪前半叶，原子物理学取得了一系列重大进展，物理学家发现了人类走向核时代的慢中子效应、铀核裂变和链式反应等关键技术[118]。基于科技进步和战争需求，美国通过实施"曼哈顿计划"，在第二次世界大战结束前制造出了原子弹，并投入实战运用。原子弹在日本广岛和长崎爆炸产生的巨大杀伤破坏效果震惊了全世界。

1946 年年底，苏联第一个反应堆开始运转；1949 年 8 月苏联引爆了第一个核试验性原子装置；1953 年 8 月苏联先于美国引爆了第一颗氢弹，从而打破了美国的核垄断，美苏两国也由此开始了核军备竞赛。1977 年，美国研制成功中子弹，将核武器的发展推向了新阶段。与此同时，各种运载投掷工具和发射方式也得到了迅速发展。1954 年，原子弹被成功装在导弹上；1956 年，实现了导弹与氢弹的结合。20 世纪 60 年代以后，从陆地、空中、水下发射的导弹相继出现。

随着核武器的产生和发展，战争进入了核时期。在这一时期，核武器的地位和作用，经历了大威力特殊杀伤破坏手段——火力支援和保障的主要手段——歼敌取胜的主要手段——威慑手段的演变过程；美苏两个核大国的军事战略理论也经历了核大战——有限核战争——核威胁条件下的常规战争等阶段的发展变化[124]140。核武器地位作用的变化和军事战略思想的调整，是影响和制约核武器条件下合同战术理论发展的主要因素。

20 世纪 70 年代初，美苏双方开始限制战略核武器发展，美苏之间战略核武器达到了大致均衡的程度。20 世纪 80 年代以后，美苏战略核武器的高水平均衡又出现了向低水平均衡过渡的趋势。在这一背景下，美苏双方对未来战争的构想发生了变化，在认为必须做好两手准备，以便进行使用任何武器的战争的同时，开始更多地把核武器作为威慑手段，越来越重视打以核武器为后盾的常规战争或有限使用战术核武器的常规战争，基本上排除了打全面核战争的可能性。

这一时期合同战斗的战法，以使用常规武器的作战方法为主体，同时又吸收了核武器条件下作战的某些成分，常规条件与核武器条件下的两种作战方法出现了相互融合的趋势。

苏军认为，各种兵力兵器突击纵深明显增大，合同战术不仅是纵深战斗的战术，而且也是在地面与空中同时进行立体战斗的战术[125]。基于上述认识，苏军于 20 世纪 80 年代初形成了"大纵深立体"战斗理论[124]147。其主要内容包括：广泛采用由纵深前出，并从行进间转入进攻的方法；使用各种火器对敌防御全纵深实施综合火力杀伤；空中和地面梯队协调一致地实施立体冲击；火力、机动和突击行动相结合实施纵深攻击；强调防御的积极性和进攻精神。

美军从 1978 年开始修改 1976 年版作战纲要，提出了"扩大化战场""一体化战场"等新概念，到 20 世纪 80 年代初形成了以"空地一体"作战为核心的作战理论，并将其写入了 1982 年版作战纲要[126]，把陆空联合作战、立体作战和大纵深作战互相结合，融为一体[124]148。这一作战理论主要以核武器为后盾，以新式常规武器为基础，以苏军为主要对手，以欧洲为主要战场，准备与苏军打一场大规模常规战争。其主要内容包括：利用各种观察和侦察器材侦控敌人全纵深；综合运用空军和地面部队的各种作战手段和方法在全纵深内打击敌人；同时组织好近距离作战、纵深作战和后方地域作战；强调纵深打击，以强大的火力突击敌第二梯队、预备队等目标。

苏军和美军分别提出的"大纵深立体"和"空地一体"，体现了核武器条件下合同战术的主要特征[121]135，是以原子核反应技术为代表的颠覆性技术出现和演变的必然结果。

3.5 精确制导技术及其催生的高技术条件下的合同战术

制导技术最早出现在第二次世界大战期间。当时德国研制出第一枚无线电制导炸弹，随后又研制出 V-1、V-2 惯性制导导弹，并用于攻击英国伦敦[127]47。第二次世界大战后，美苏两国在德国 V-1、V-2 导弹的基础上，开始发展中远程巡航导弹和弹道导弹。1957 年 8 月，苏联首次成功发射弹道导弹。1958 年 11 月，美国洲际弹道导弹发射成功。20 世纪 60 年代以后，随着电子技术、制导技术和小型涡轮风扇喷气技术的发展，巡航导弹步入发展快车道。

精确制导这一术语产生于 20 世纪 70 年代。1972 年越南战争期间，美军利用激光制导炸弹摧毁了河内附近的清化桥，从此精确制导武器威震天下。在越南战争期间，美军使用的激光和电视制导炸弹等精确制导武器仅占全部投掷弹药的 0.2%，却炸毁了约 80%的被攻击目标[127]47。在 1973 年 10 月的第四次中东战争中，埃及使用苏制雷达制导的"萨姆-6"地空导弹和有线制导的"AT-3"反坦克导弹，以色列使用美制电视制导的"小牛"空地导弹和有线制导的"陶"式反坦克导弹，均在战争中取得了辉煌战绩。开战后的前三天，以军在西奈半岛损失坦克约 300 辆，其中 77%是被精确制导反坦克导弹击毁的[127]43。以军使用的"陶"式反坦克导弹，可在地面、车上和直升机上发射，击毁埃军和叙军大量坦克，对战斗结局产生了重要影响。这些事实说明，高技术条件下的合同战术已出现萌芽。

进入 20 世纪 80 年代后，以精确制导技术为代表的高技术有了较大进步，精确制导武器的打击精度和毁伤效能显著提高，一批新式作战飞机、主战坦克、直升机、步兵战斗车和电子战器材等相继装备部队，使合同战术的高技术特征进一步显现。精确制导技术的发展，使目标命中概率由原来的不足 30%提高到 50%以上，对点状目标的圆概率偏差达到 0.5～1.5m，对面状目标的圆概率偏差达到 3m 以内[127]47。在 1982 年马尔维纳斯群岛战争中，阿根廷"超级军旗"战机从 30km 外发射"飞鱼"空舰导弹，一举击沉了英国的"谢菲尔德"号驱逐舰。精确制导武器的"精确性"令世人震惊。在 1982 年第五次中东战争中，以军大量使用了自制的采用复合装甲、先进火控系统、尾翼稳定脱壳穿甲弹等高技术的"战车"式坦克，战斗过程中击毁叙利亚、巴勒斯坦解放组织坦克 500 余辆，战斗的精确性和机动性均显著提高[124]218。进攻中，以军广泛使用直升机机降配合地面部队作战，实施纵深立体攻击，大大提高了推进速度。在以军与叙军的坦克会战中，双方都使用攻击直升机实施空中火力支援，使战斗的立体性增强。在这次战争中，电子战的运用也上升到了一个新阶段，在以军袭击贝卡谷地叙军地空导弹基地的战斗中，以军首先干扰、破坏了叙军导弹的侦察、制导系统，使叙军地空导弹不能准确命中目标，然后出动大批先进战斗机使用空地导弹和集束炸弹，只用 6 分钟就摧毁叙军 19 个地空导弹连[124]219。从上述这些战例可以看出，高技术条件下的合同战术已现雏形。

到 20 世纪 80 年代末 90 年代初，随着高技术的迅猛发展，一大批高技术武器先后装备部队，特别是精确制导武器运用更加广泛。1991 年的海湾战争开创了精确制导武器在战争中大量使用的先河。战争中，多国部队使用了 13 类 82 种精确制导武器，共投掷制导炸弹 740 吨，总计 15500 枚，约占总投弹量的 8.36%[127]47。精确制导弹药共摧毁伊拉克加固飞机库 375 座，占其总机库数的 63%；在 24 天的空袭中，精确制导武器共击毁伊军坦克 650 辆，占总击毁量的 86%[127]47。以精确制导武器为基本火力的战略空袭、以精确制导武器为主要压制杀伤手段的空地反装甲联合作战和纵深打击成为多国部队迅速取胜的主要因素。不仅精确制导武器大量使用，而且"阿帕奇"攻击直升机、"小羚羊"攻击直升机、M1A1 主战坦克、"挑战者"主战坦克、T-72 主战坦克、"布雷德利"步兵战斗车等新一代作战平台，以及高性能侦察器材、新型夜视器材、先进的电子战器材等悉数登场，使合同战斗的精确性、立体性和机动性显著增强[98]。由此可以看出，以海湾战争为标志，高技术条件下的合同战术已经形成[121]135。

精确性、立体性、机动性体现了高技术条件下合同战术的主要特征[121]135，是以精确制导技术为代表的颠覆性技术出现和演变的必然结果。

3.6 网络信息技术及其催生的信息化条件下的合同战术

20 世纪 90 年代以来，随着传感技术、通信技术、计算机技术等网络信息技术的兴起和迅速发展，人类逐步迈入了信息时代。在信息化条件下作战，网络是构建战斗体系的基础，是融合战斗效能的纽带，是支撑战斗筹划的平台，是打通行动链路的桥梁。因此，谋"战"必先谋"网"，无"网"而不胜。在信息化战场上，信息上升为制胜的主导因素，信息能力成为信息化条件下作战的核心能力，对打击能力、防护能力和机动能力的发挥具有重要影响。信息能力不仅可以直接夺取和保持信息优势，进而转化为决策优势和行动优势，而且可以与打击能力融合成精确打击能力、与防护能力融合成全维防护能力、与机动能力融合成立体机动能力，从而实现作战能力的高效聚合，极大地提升了体系作战能力[102]。网络信息技术等颠覆性技术在军事领域的广泛应用，使信息化条件下的合同战术呈现以下主要特征。

一是信息主导。首先，信息主导战场能量释放。机械化条件下的合同战斗，战场释放的能量主要是机械能，即机械运动产生的动能和势能，这些能量使机械化兵力兵器的机动速度、杀伤能力和防护能力大大提高。而信息化条件下的合同战斗，战场释放的能量不仅仅是机械能，更主要的是信息能，即各种信息化武器装备在获得信息之后所呈现出的情报侦察、指挥控制、精确打击等能力。在阿富汗战争中，美军使用的精确制导炸弹比例达到 60%，远远高于海湾战争的 9% 和科索沃战争的 38%[127]48。在伊拉克战争中，美军使用了 2.4 万多枚炸弹，其中 70% 是精确制导炸弹，这一比例约为海湾战争的 10 倍[127]48。正是有了"信息"这一主导因素，才使精确制导武器能够发现和摧毁目标。其次，信息流主导物质流和能量流[128]。信息流是贯穿物质流和能量流的"血脉"，信息系统是信息化条件下作战的基础和支撑。各作战力量、单元和要素都是信息网络上的一个节点，只有信息流在各节点之间顺畅流转，各节点才能发挥其应有的功能。信息流贯通物质流和能量流后，既可以有力提高物质的运行效率，也可以极大地提升能量的使用效能，使体系作战能力倍增。最后，信息主导战场行动。在信息化条件下作战，各种作战和保障行动均要在拥有一定信息的基础上进行，也就是在信息系统支撑下，充分发挥信息系统融合、联动和共享优势，实现战场行动的高效实施。

二是网聚效能。以指挥信息系统为核心的信息网络系统是作战效能倍增的"黏合剂"。首先，基于网络，实现分布聚能。利用战场网络的广域分布、互联互通、全域覆盖等优势，各作战力量、单元和要素无须形式上的重组和空间上的机动，即可实现在物理空间上的异地分散和在网络空间上的虚拟集中，形成跨越空间界限的分布力量体系。其次，模块部署，实现体系聚能。将参战力量按功能进行模块编组，实现网络与模块的有机交连，形成多维布点、点点连接、内聚外联的体系化力量结构。战斗中，各功能模块通过信息共享、交互联动和联合行动，实现战斗效能的多元多维聚集，形成网聚体系能力和体系对抗优势。最后，快速机动，实现动态聚能。根据战场态势变化和网络调整重组情况，依托网络支撑和信息牵引，通过作战力量、单元和要素的协调有序、多维立体机动，实现动中融合、动中重组、动中聚优，达成适时动态集优聚能的目的。

三是整体联动。在信息化条件下作战，是多维战场空间、多要素实时联动的整体作战。对于陆军合成部队，在信息系统支撑下，一方面要能够与其他军兵种进行联动，即能够与其他军兵种力量进行紧密协调，共享战场情报信息，实时感知战场态势，力求达到实时发现、快速决策、一体联动的联合行动效果，以形成整体合力。另一方面，要能够实现内部各要素之间的联动，即通过信息系统的连接，情报信息要素、指挥控制要素、火力打击要素和综合保障要素等互为条件、互为依托、快速联动，实现"侦、控、打、评、保"一体化运行。侦察情报系统通过多种传感器侦察获取信息，经过分析、处理、融合，及时将信息传输分发给指挥控制系统，指挥控制系统根据获取的战场情报信息进行精准分析研判和多级联动决策，快速向火力打击系统和综合保障系统准确发布指令，并实时进行作战效果评估。

信息主导、网聚效能、整体联动体现了信息化条件下合同战术的主要特征[121]136，是以网络信息技术为代表的颠覆性技术出现和演变的必然结果。

第 4 章

颠覆性技术引发战术变革的内在机理

"机理"一词的概念，在不同版本词典中的解释不尽相同，但本质内涵是一致的。2009 年版《现代汉语大词典》对"机理"定义为：事物变化的道理[129]2024。从本质上讲，机理是"带有普遍性的、最基本的、可以作为其他规律的基础的规律；具有普遍意义的道理"[130]1610。搞清机理的概念后，还需廓清机理和规律的区别和联系。规律是事物之间的内在的必然联系，决定着事物发展的必然趋向[129]2278。机理和规律是既有本质区别，又有内在联系的两个概念。以"水往低处流"这一客观规律为例，其背后的道理是地球引力的作用。因此，知道"水往低处流"是由万有引力定律所决定的，就能正确运用这一规律来指导生产实践活动。同样，搞清颠覆性技术引发战术变革的内在机理，从深层次上揭示颠覆性技术与战术变革相互联系、相互作用的底层逻辑和微观原理，有助于更好认识和充分利用战术变革规律[102]。

战术发展史表明，战斗力和战斗关系之间的矛盾运动是战术发展的基本动力。其中，战斗力由人、武器装备和人与武器装备的结合等基本要素构成；战斗关系是战斗人员按照一定的组织形式、体制编制、指挥关系等进行战斗时形成的各种关系总和。根据上述结论，从内在机理上看，颠覆性技术引发战术变革，本质上是颠覆性技术对人和武器装备的改变而引发的战术变革。

4.1　人的改变

战术是进行战斗的方法，而方法属思维和意识范畴。恩格斯在《反杜林论》中指出"思维和意识都是人脑的产物"[4]38。因此，战术是人脑的产物，人决定战术[131]333。关于人与武器在战争中的关系，毛泽东在《论持久战》中有精辟的论述："武器是战争的重要的因素，但不是决定的因素，决定的因素是人不是物。"[132]297 人和武器是战斗力构成中两个不可分割的基本要素，武器始终是按照人的意志、愿望来制造和发挥作用的[131]336。未来智能化战争中，人的作用和角色仍然是"谋划者、组织者和实施者"[133]。关于人与武器在影响战术变革的关系问题上，人在战术变革中起决定性作用，是第一等的作用；武器的作用是第二等的作用。武器装备是军事技术的物化形式，军事技术的飞跃决定武器装备的更新换代。因而，军事技术在战术变革中同样起的是第二等的作用，这与"技术决定战术"并不矛盾。

在颠覆性技术引发战术变革中，人同样起决定性、第一等的作用。颠覆性技术对人的改变，主要表现在改变人的思想观念、组成结构、指挥工具和交互方式等。

4.1.1　人的思想观念的改变

战术发展史表明，先进的战术体系的产生，主要取决于先进的武器装备和先进的思想观念相互协调和高度统一。恩格斯告诫人们，"当技术革命的浪潮正在四周汹涌澎湃的时候"，"我们需要更新、更勇敢的头脑"[134]489。以动力机械技术及其催生的机械化条件下合同战术为例，第二次世界大战前，德军基于坦克所特有的打击能力、防护能力和机动能力，形成了"闪击战"理论和梯次快速集群战术。而法军的战术思想仍然拘泥于第一次世界大战，对坦克、飞机等新式武器所引起的战术上的变化茫然无知。法军认为，下次战争的阵地仍将由机枪和铁丝网组成；坦克只是支援步兵的辅助兵种，只能为引导步兵进攻充当"压路机"[109]198-199。法军甚至耗费巨资修筑了规模庞大的"马奇诺防线"。与德军相比，虽然法军及其盟军在坦克这一决定性兵器的数量上占有优势，却很快惨败。原因就在于法军将坦克分散配置，而德军将坦克集中使用。第二次世界大战开始时，法军110个师中仅有3个机械化师，波德战争之后，才组建了4个坦克师[109]200。而德军利用梯次快速集群战术实现了快速突破、长驱直入和迅速击败对方的目的。由此可见，即使拥有先进的武器装备，如果战术思想观念落后守旧，那么也会落入失败的境地。因战术思想观念落后而导致失败的教训值得我们深刻反思。以人工智能技术为代表的颠覆性技术群体涌现和突破发展，要求我们摒弃传统思维模式，加强颠覆性技术的原理分析和战术变革的理论研究，以更新的思想观念和创新的战术理论应对未来智能化战争的挑战。

4.1.2 人的组成结构的改变

从冷兵器时代到信息化时代，从本质上讲，战场上人的组成结构没有发生根本性改变。以人工智能技术为代表的颠覆性技术的迅猛发展，将使种类和性能各异的无人系统走上战场。战斗人员，将不仅仅由传统意义上的人构成，而是由人与机器的组合体构成，甚至是由具有自主能力的机器独立组成的战斗群体构成。下面从指挥主体和指挥客体，也就是指挥者和被指挥者这两个方面来分析人的组成结构的颠覆性改变。

一方面，颠覆性技术促使指挥主体结构产生颠覆性改变。指挥主体，即指挥者。历史地看，从冷兵器、热兵器、机械化的时代变迁可以看出，指挥主体经历了单个部落首领（统帅）、统帅与谋士群体相结合、统帅与司令部相结合的演变过程。到了信息化时代，随着电子计算机的诞生和指挥信息系统的运用，指挥机构的组成要素发生了改变，也就是除了指挥员和指挥机关之外，指挥信息系统逐步成为指挥人员的辅助工具。信息化时代，指挥主体开始向人机结合转变。以上不同时期的指挥主体，虽然组成结构和表现形式不同，但本质上是由单一的"人"组成的。随着人工智能技术的出现和发展的完善，人类逐步走向智能化时代，具有自主能力的无人系统开始代替人类走上战场。深度学习、脑机接口、群体智能、混合增强智能等技术的突破发展，将促使无人系统像人类一样具有自主学习、自主感知、自主决策、自主交互、自主行动和自主控制等能力。具有"思维"自主和"行为"自主能力的机器将成为指挥主体的新成员。因此，在组成结构上，指挥主体将实现由单一的"人"向"人机一体"的颠覆性改变。

另一方面，颠覆性技术促使指挥客体结构产生颠覆性改变。指挥客体，即被指挥者。指挥客体与指挥主体之间的相对性，决定了指挥客体与指挥主体在结构上的颠覆性改变是同向一致的。例如，陆军合成营指挥机构，相对于上级合成旅是指挥客体，而相对于下级连级分队则是指挥主体。因此，指挥客体的组成结构也将实现由单一的"人"向"人机一体"的颠覆性改变。此外，与指挥主体有所不同，注入智能因子的指挥客体将与作战平台融为一体，成为具有"侦、控、打、评"等多种功能的智能化作战平台。从这个意义上来说，俄军在叙利亚战场上使用的战斗机器人、美军对伊朗"圣城旅"旅长苏莱曼尼实施"定点清除"使用的 MQ-9 无人机，就属于具有智能化作战平台功能的指挥客体。

4.1.3 人的指挥工具的改变

指挥工具是指挥主体实施指挥的物质基础。颠覆性技术的发展和演变，促使指挥工具功能产生颠覆性改变。从作战指挥发展历史可以看出，指挥工具先后经历了简单视听信号器材、文书和视听信号器材、电讯器材、指挥自动化器材、一体化指挥信息系统等发展演变阶段[135]15。指挥工具从简单到复杂，从手工、半自动、自动到一体化，从功能单一到功能多样的发展演变，促进了战术的深刻变革。从上述不同历史时期的指挥工具看，虽然指挥工具的支撑作用在不断提升，但在数据分析、辅助决策、指挥控制等核心功能上仍存在诸多"瓶颈"问题。例如，在海湾战争"沙漠风暴"行动中，地面行动的前 30 个小时，美军第一陆战队远征部队的指挥机构就收到了 130 万份电子文电[136]。面对来势汹汹的"信息洪流"，指挥人员即使在指挥工具的辅助下也难以进行实时分析处理和按需分发共享。尽管美军提出由"四个任何"向"五个恰当"转变的信息共享理念，但仍无法满足作战指挥需要。当今时代，以人工智能技术为代表的颠覆性技术群体涌现和创新发展，为破解以往"瓶颈"问题提供了强有力的技术支持，将促进智能化指挥信息系统的作战运用，实现传统指挥信息系统不具备的大数据快速分析处理、精准化实时分发共享、智能化深度融合决策等功能，从而助推新一轮的战术变革。

4.1.4　人的交互方式的改变

战场上人与人之间、人与机器之间安全可靠的信息交互是确保战斗任务有效完成的基础和保证。不同历史时期信息交互方式的发展，促进了战术的深刻变革。从信息交互方式的发展脉络看，先后经历了以简单视听信号为主、文书与视听信号并用、以模拟电磁信号为主、以数字化信号为主等不同历史阶段。交互信息逐步向规范化呈现、标准化描述、精确化表达的目标发展。特别是由 0 和 1 编码组成的数字化信息，有着统一定义和标准规范的数据结构，在交互方式上表现为格式化输入、精准化识别、快速化流转的突出特点，便于信息传输、数据融合和态势共享，显著提高了作战指挥效能。1994 年 4 月，美军举行了一场名为"沙漠铁锤"的数字化部队和非数字化部队的实兵对抗演习。演习结果表明，指挥信息数字化后，能使直升机进入战斗的时间由 26min 缩短到 16min，连向营的现场报告时间由 10min 缩短到4min，电文传送的重复率由 30%减少到 3%，电话现场报告的完整率由 20%提高到 98%[137]。但是，指挥主体和指挥客体结构由单一的"人"向"人机一体"的颠覆性改变，将使得信息交互的表现形式更多地聚焦在人机交互。

而人的语音、姿态、手势、面部表情等信息，以及非侵入性的便携式脑神经接口读取的大脑信息，均是非格式化、非标准化的数据信息，其表达和呈现的内容也并非规范和精确。随着深度学习、机器识别、脑机接口等技术的突破发展，在泛在智联、分布实时、安全可信的交互体系支撑下，机器将能够对人表达的非精确信息进行智能化识别、分析和处理，从而促进信息交互方式从"精确交互"向"非精确交互"转变。

4.2 武器装备的改变

分析战术变革的历史进程，在所有与战术变革相关的因素中，颠覆性技术和其物化的武器装备历来是战术领域最活跃、最具生命力的因素，同时也是影响战术变革诸因素中最具决定性的因素[138]。从内在机理看，主要表现在三个方面：颠覆性技术促使武器装备打击能力跃升是引发战术变革的核心动力，颠覆性技术促使武器装备自主能力涌现是催生战术变革的新动因，颠覆性技术促使武器装备不同能力融合是战术变革的"助推器"。

4.2.1 武器装备打击能力的跃升

分析颠覆性技术引发战术变革历程，颠覆性技术促使武器装备打击、防护、机动、信息能力跃升是引发战术变革的推动力。就地位作用而言，打击能力跃升是引发战术变革的核心动力。这一动力机制，与"保存自己，消灭敌人"的战争目的相一致[102]。毛泽东指出："战争目的中，消灭敌人是主要的，保存自己是第二位的，因为只有大量地消灭敌人，才能有效地保存自己。"[132]310 历史地看，以金属冶炼技术、火药制作技术、动力机械技术、原子核反应技术、精确制导技术、网络信息技术为代表的颠覆性技术，以不同的作用方式与机理促进武器装备由材料对抗、能量对抗向信息对抗的颠覆性转变，不断促使武器装备打击能力跃升，驱动战术一次又一次地深刻变革[102]。

金属冶炼技术使兵器的质地发生了颠覆性改变，使得金属兵器更加坚韧、更加锋利，杀伤力更大，促进了阵式战术的形成和发展。火药制作技术使武器装备由"材料对抗"向"能量对抗"转变，促使武器装备杀伤力更大、射击距离更远、打击精度更高，先后形成了线式战术、纵队战术和散兵线战术。动力机械技术使能量由热能向机械能转换，促使武器装备打击能力显著提升，形成了以集群式散兵战术、梯次快速集群战术为主要标志的机械化条件下合同战术。原子核反应技术使武器装备"能量对抗"形式发生了颠覆性改变，促使核武器产生多种大威力特殊杀伤破坏效应，形成了以"大纵深立体、空地一体"为主要特征的核武器条件下合同战术。精确制导技术实现打击方式由"粗放"向"精确"转变，促使武器装备打得更准、效费比更高，形成了以"精确性、立体性、机动性"为主要特征的高技术条件下合同战术。网络信息技术实现武器装备由"能量对抗"向"信息对抗"转变，促使信息化武器装备打击效能倍增和"侦、控、打、评"一体联动，形成了以"信息主导、网聚效能、整体联动"为主要特征的信息化条件下合同战术。

当今时代，颠覆性技术的群体涌现和迅猛发展，将促使武器装备打击能力发生革命性改变，实现打击速度、精度和方式等质的飞跃，进而驱动战术的深刻变革。

一是增强打击时效性。综合运用网络通信技术、分布式计算技术、虚拟化技术和负载均衡技术的"云网络"，打破了各类作战平台所面临的"信息孤岛"，改变了传感器、作战平台、武器系统之间的传统链接方式，构建了"侦、控、打、评"新型一体化杀伤链。基于广域分布的战场传感器网络提供的多源情报信息，通过智能化"云网络"资源调度，在"云端"能够完成目标获取、态势融合、打击分配、目标引导和效果评估等[139]。也就是说，各平台不一定利用本平台传感器数据进行目标引导跟踪，也不一定利用本平台武器装备完成目标打击任务。这样不仅实现了打击链路的优化完善，而且减少了打击信息的流转时间，从而做到对战场目标的先敌发现、先敌打击、先敌摧毁，真正实现对敌"秒杀"。

二是提升打击精确性。随着人工智能、精确制导、微型计算机和自适应控制等关键技术的融合发展和创新突破，在精确制导武器基础上发展起来的智能化弹药，其打击精度和杀伤效能大幅提升。主要功能包括[140]286-287：具备对多源获取的数据进行融合整编处理能力；具备对战场目标的自主侦察探测、自主识别跟踪能力；具备自主优选战场目标，以及选择目标的要害和脆弱部位进行攻击能力；具备复杂战场环境下的自主决策能力；具备"发射后不管"、协同作战、在线重规划、智能突防、自主变形、自主修正航线、再度攻击、人机交互等能力。此外，人工智能技术可有效提升火力打击装备的智能化水平和精度。例如，美国陆军计划 2022 年部署一种通用轻型火力打击系统，该系统利用机器学习算法实现性能优化，从而使火控传感器能够根据作战环境自我学习而变得更加精确[141]58。

三是实现打击饱和式。饱和式打击的核心理念，就是采用高密度、多波次的连续打击方式，向同一目标实施超出其防御（拦截）能力的打击，使目标在短时间内处于难以招架的"饱和"状态。近年来，世界主要国家军队争相研究的无人机"蜂群"作战，就是一种典型的饱和式打击模式。这一新型作战模式的制胜机理，主要体现在三个方面：首先，以廉取胜。与传统有人机相比，"蜂群"中的无人机体积较小、造价低廉；从拦截成本来看，拦截无人机的地空导弹等武器装备通常造价较高，这种"大炮打蚊子"的拦截方式显然得不偿失。因此，利用无人机"蜂群"作战能够有效降低进攻成本[142]。特别是增材制造技术的发展和应用，使得小型廉价无人机可以就地"打印"、快速成军。其次，以量取胜。无人机"蜂群"作战，采取以机代人的"人"海战术，让技术先进、功能多样、造价昂贵的信息化武器平台应接不暇、筋疲力尽，最终弹尽粮绝、任"机"宰割。最后，以技取胜。随着人工智能以及各种智能控制算法的不断改进完善，无人机"蜂群"可实现广域分布、自主协同和动态聚合，完成侦察渗透、诱骗干扰、集群攻击等多种任务。

4.2.2　武器装备自主能力的涌现

恩格斯指出，"军队的全部组织和作战方式以及与之有关的胜负，取决于物质的即经济的条件：取决于人和武器这两种材料，也就是取决于居民的质和量以及技术。"[4]178 当今时代，以人工智能技术为代表的颠覆性技术将人的智能移植到了武器上，人与武器结合得越来越紧密，促使无人化武器装备自主能力涌现，为信息化智能化迭代期合同战术的形成和发展提供了新动因。自主能力是无人系统实现智能化的主要标志，主要体现在自主学习、自主感知、自主决策、自主交互和自主控制五个方面。

一是自主学习。在人工智能、大数据、云计算等技术驱动下，机器学习特别是深度学习取得了突破性进展，使得无人系统能够部分实现人类的学习行为，获取新的知识和技能，并重新组织已有的知识结构使之不断改善自身性能，从而具备自主学习能力[102]。深度学习模仿人脑的分层模型结构，通过构建具有多个隐层的神经网络深层模型，对输入数据逐级提取从底层到高层的特征，从而能很好地建立从底层信号到高层含义的映射关系，在海量训练数据中学习有用的特征，最终提升分类或预测的准确性[143]。与浅层学习相比，深度学习不仅强调模型结构的深度，还明确突出了特征学习的重要性，通过逐层映射变换，将样本在原空间的特征表示变换到一个新的特征空间，更有利于分类或预测[144]。目前，深度学习已成功应用在计算机视觉、语音识别、自然语言处理等多个专业领域，使得无人系统自主学习的本领越来越强、无人系统的"大脑"变得越来越"聪慧"。近年来，除了深度学习，小样本学习、无监督学习、半监督学习等高级机器学习理论不断取得突破和应用。例如，2018 年，香港中文大学提出了与解决域自适应性问题相类似的小样本目标识别算法；美国普林斯顿大学提出了融合双重背景感知方法的零样本识别算法[63]108。这些新的机器学习理论虽然还处于初级阶段，但是已经显现出巨大的发展与应用潜力。

二是自主感知。根据感知的不同目的，无人系统的自主感知功能分为导航感知、任务感知、操作感知和状态感知[102]。导航感知用于解决"去哪里"的问题，通过采用视觉定位导航、超声波定位导航、激光定位导航、卫星定位导航等技术，使无人系统具备感知和行动能力，从而主动规避障碍，顺利到达目标区域。任务感知用于解决"干什么"的问题，通过任务动态规划和评估，使无人系统能够按照目标优先级别分配任务和基于战场态势临机调整任务。操作感知用于解决"怎么干"的问题，通过触觉和定位传感器，使无人系统能够按照预定内设的程序和步骤展开标准化、规范化、智能化作业。状态感知用于解决"故障报知"问题，通过采用基于模型的故障检测与修复技术，使无人系统能够及时被检测出软件异常和硬件故障，并实时上传状态数据，快速展开故障修复。

三是自主决策。随着人工智能技术的两个分支——人工神经网络和专家系统的发展，基于神经网络与专家系统集成的自主决策系统应运而生。自主决策系统既有专家系统的知识与人机交互优势，又有人工神经网络的并行分布式处理、非线性、模糊推理和自动知识获取功能[145]。人工神经网络和专家系统的优势互补和深度融合，不仅能够解决在规则不完善、战场信息不完全的情况下的推理问题，而且可以对专家系统的经验进行学习，使得无人系统的自主决策能力显著提升。此外，随着机器学习技术的突破发展和创新应用，无人系统能够在决策过程中不断学习、掌握新的决策知识和经验，以适应复杂战场条件下的自主决策需要。

四是自主交互。在物联网、移动互联、区块链、人机交互等技术支撑下，多域分布的无人系统不仅实现网络虚拟空间的"集中"，而且实现人与系统、系统与系统之间的互联互通互操作[102]。特别是新型人机交互技术的突破发展将极大提升交互的时效性、精准性和安全性。例如，2018 年 3 月，DARPA 提出的"下一代非侵入性神经技术"项目，旨在发展高分辨率非侵入性脑神经接口技术，推动士兵与半自主、自主武器装备的完全交互能力，实现战场士兵的超级认知、快速决策和脑控人机编队等超脑和脑控能力[63]87。通过信息实时交互与整体联动协作，使得多个无人系统构成的"集群"能够以自主协同的方式完成复杂任务，实现"1+1>2"的聚优效应。自主交互集群的作战运用，将改变以往战斗力量的构成、功能及其相互间的组合和运行方式，通过战斗力量的功能耦合和体系重构，实现战斗力量整体结构的最优化和整体效能发挥的最大化。

五是自主控制。随着自主控制及相关支撑技术的迅速发展，无人系统控制方式将从"遥控式""半自主式"向"自主式"转变[102]。基于无人系统自主感知、自主决策和自主交互能力，一方面，多个无人系统可在自动任务规划和快速动态任务重规划的基础上，实现任务分配与协调、任务冲突检测与消解、集群协同路径规划、集群机动协调规划与控制、集群自组织、集群重构控制和故障管理等；另一方面，单个无人系统可在不确定的对抗环境下依靠自身的控制设备实现动态路径规划、自主机动控制、自主规避防撞、任务自适应控制、故障预测与自修复控制等。

需要说明的是，自主学习、自主感知、自主决策、自主交互和自主控制互相联系、密不可分。自主能力的基础是自主学习，前提是自主感知，核心是自主决策，关键是自主交互，目的是自主控制。如果用人类身体部位比喻无人系统的自主能力要素，则"感知"犹如"耳目"，"决策"犹如"大脑"，"交互"犹如"喉舌"，"控制"犹如"手脚"，共同构成一个有机整体。具备自主学习能力的无人系统，经过深度学习和强化训练，也会像人类一样逐步变得"耳目明、头脑灵、喉舌好、手脚快"，从而催生战术的深刻变革。

4.2.3　武器装备不同能力的融合

从历史上看，技术演化过程体现出渐进与飞跃相互交织的发展特点。颠覆性技术的发展同样遵循这一特点规律。随着颠覆性技术发展的内在与外在动力不断增强，颠覆性技术涌现效应日益凸显[102]，在实现武器装备效能最大化释放的同时，也促使武器装备不同能力融合，从而加快战术变革进程。

一是"三力"融合，即打击能力、防护能力、机动能力融合。历史事实表明，每当进攻技术向前发展，防御技术也相应地水涨船高，旧的防御技术过时了，新的防御技术又会应运而生。攻与防的矛盾就是在这种既互相依存又互相对立的运动中不断产生发展的。机动能力虽然不具备打击敌人和防护敌人打击的能力，但是它以扩大武器战场活动范围的方式增强武器的打击能力和防护能力。冷兵器时代，金属冶炼技术在提升武器装备打击能力的同时，也促使盾、盔、甲等防护器具的广泛运用。这一时期出现的战车、骑兵，均在一定程度上实现了打击能力、防护能力、机动能力的初级融合。火药制作技术的发展和动力机械技术的出现，产生了以坦克为代表的机械化武器装备，首次实现武器装备打击能力、防护能力、机动能力的整体跃升和有机融合，为第二次世界大战"闪击战"理论的加速形成奠定了基础[102]。

二是"四力"融合，即打击能力、防护能力、机动能力、信息能力融合。随着精确制导技术、网络信息技术的出现和发展，信息上升为制胜的主导因素，信息能力成为信息化作战的核心能力，对打击能力、防护能力和机动能力的发挥具有直接影响。信息能力不仅可以夺取和保持信息优势，进而转化为决策优势和行动优势，而且可以与打击能力融合成精确打击能力、与防护能力融合成全维防护能力、与机动能力融合成立体机动能力，从而实现作战能力的深度融合，极大提升体系作战能力[102]。在阿富汗战争中，美军将由多种侦察、预警手段构成的立体感知系统和由各军兵种、各作战单位的各种作战平台组成的火力打击系统，经信息处理网络和数据链系统连接融合后，实现了全程近实时感知与远程精确打击的有机结合，基本做到了作战联合化、信息处理网络化和战场打击一体化，实现了作战能力的高效聚合和作战力量的增值效应。

三是"五力"融合，即打击能力、防护能力、机动能力、信息能力、自主能力融合。以人工智能技术为代表的颠覆性技术群体涌现和突破发展，将促进无人系统打击能力、防护能力、机动能力、信息能力、自主能力的融合渗透。在无人系统自主能力的强力推动和牵引下，打击能力、防护能力、机动能力、信息能力将发生质的飞跃[102]。在战场"云网络"支撑下，无人系统打击的时效性、精确性、杀伤性显著提升；无人自主饱和攻击方式，将充分发挥无人系统交互联动优势和动态重组功能，实现打击潜能的极致释放。智能化、隐形化、小型化无人系统的作战运用，在最大限度减少人员伤亡的同时，也增强了自身战场生存能力[102]。在叙利亚打击"IS"的战场上，俄军运用战斗机器人和无人机执行攻坚任务而导致极低的战损率就是一个典型例证。随着机动速度的加快、续航时间的增长和自主能力的提升，无人系统基于战场态势能够实现机动路径优化、实时动态调整和自主机动控制，从而使其具备远程立体机动能力[102]。战场"云网络"覆盖度、连通度、稳定度、抗毁度的显著增强，促使无人系统信息获取传输率、融合整编率、共享利用率大幅提升。无人系统将打击能力、防护能力、机动能力、信息能力、自主能力集于一体，实现了能力交融聚合[102]，为信息化智能化迭代期合同战术的形成和发展注入了强劲动力。

第 5 章

颠覆性技术引发战术变革的规律探究

基于颠覆性技术引发战术变革的历史考察和内在机理，系统梳理颠覆性技术的演变轨迹，深入分析颠覆性技术与战术变革之间的逻辑关系，从而深层揭示颠覆性技术驱动下战术变革的主要规律，对于把握战术变革的总体趋向、搞清战术体系内的要素变革，具有重要的理论和现实意义。

5.1　首要因素决定规律

首要因素决定规律，即颠覆性技术是引发战术变革由渐变向突变跃升的首要决定性因素。引发战术变革的因素是多方面的。学术界普遍认为，在引发战术变革的诸因素中，科学技术及武器装备是决定性因素，战斗主体是主导性因素，战斗实践是推动性因素，战略战役需求是牵引性因素，作战环境是影响性因素，作战对象是倒逼性因素。上述因素之间的关系，如图 5.1 所示。

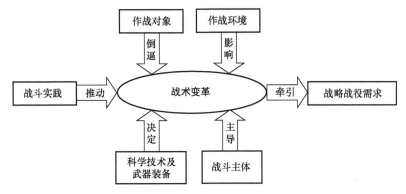

图 5.1 引发战术变革的诸因素之间的关系

根据克里斯滕森的研究结论，技术分为颠覆性技术和渐进性技术[89]。比较这两类技术，就地位作用和主次关系而言，颠覆性技术由于在创新形态上具有超越性和替代性，在作用效能上具有革命性和破坏性，因而是引发战术变革第一位的、首要的因素；渐进性技术是第二位的、次要的因素。军事技术引发战术变革，最本质、最核心的是颠覆性技术发挥了决定性作用，颠覆性技术是促使战术由渐变向突变跃升的首要决定性因素。

从颠覆性技术引发战术变革的历史脉络可以看出，每当出现新的颠覆性技术则会带来颠覆性效应，就会诞生新式武器，进而催生新一轮的战术变革。颠覆性技术、颠覆性效应、新武器、新战术之间的逻辑关系，如表5.1所列。

表 5.1　颠覆性技术、颠覆性效应、新武器、新战术之间的逻辑关系

序　号	颠覆性技术	颠覆性效应	新武器	新战术
1	金属冶炼技术	使兵器的质地发生了改变	青铜兵器、铁兵器、骑兵格斗装具等冷兵器	阵式战术
2	火药制作技术	使武器装备由"材料对抗"向"能量对抗"转变	火绳枪、燧发枪、后装线膛枪等单发火枪和火炮	线式战术、纵队战术和散兵线战术

（续表）

序　号	颠覆性技术	颠覆性效应	新武器	新战术
3	动力机械技术	使能量由热能向机械能转换	机枪、坦克、飞机等	以集群式散兵战术、梯次快速集群战术为主要标志的机械化条件下合同战术
4	原子核反应技术	使武器装备"能量对抗"形式发生了改变	原子弹、氢弹、中子弹等核武器	以"大纵深立体、空地一体"为主要特征的核武器条件下合同战术
5	精确制导技术	使打击方式由"粗放"向"精确"转变	精确制导武器、新一代作战平台等	以"精确性、立体性、机动性"为主要特征的高技术条件下合同战术
6	网络信息技术	使武器装备由"能量对抗"向"信息对抗"转变	信息系统和信息化武器装备	以"信息主导、网聚效能、整体联动"为主要特征的信息化条件下合同战术

　　回顾战术发展变革历程，以金属冶炼技术、火药制作技术、动力机械技术、原子核反应技术、精确制导技术、网络信息技术为代表的颠覆性技术，通过产生不同的颠覆性效应，促使新式武器装备的战斗效能与旧式武器装备相比实现颠覆性突破，从而驱动战术一次又一次飞跃。

　　当前，以人工智能技术为代表的颠覆性技术出现和演变，将不断推动智能化、无人化武器装备和平台的创新发展和作战运用，武器平台之间实现自主快速交互，战斗力量基于需求实现动态编组，打击能力、防护能力、机动能力、信息能力和自主能力实现交融聚合[110]，指挥人员利用物联网、移动互联等技术可基于战场全景式态势实施可视化指挥。由此，信息化智能化迭代期的合同战术应运而生。随着人工智能向认知智能、强人工智能加速迈进，就时代背景而言，合同战术将由信息化条件下合同战术向信息化智能化迭代期合同战术转变；就人在"回路"的地位而言，合同战术将由"人在回路中"向"人在回路上"和"人在回路外"转变[98]；就体现特征而言，合同战术将由有人向人机结合和无人、遥控式向半自主式和全自主式转变。

综上所述，不同时期的颠覆性技术是促使合同战术由渐变向突变跃升的决定性因素。把握这一条规律，需要充分认清"渐变向突变跃升"的动力机制：一方面，颠覆性技术带来的颠覆性效应产生的驱动力。从内在机理分析，不同时期颠覆性技术带来的颠覆性效应，会同时作用于人和武器装备，不仅促使人的思想观念、组成结构、指挥工具、交互方式等进行颠覆性改变，而且促使武器装备打击能力、防护能力、机动能力、信息能力和自主能力的极大提升和有机融合。在上述颠覆性效应的有力驱动下，合同战术已经实现或即将实现由渐变向突变的跃升。另一方面，颠覆性技术与渐进性技术共同作用的合力。在强调颠覆性技术是引发战术变革由渐变向突变跃升的决定性因素时，也不能忽视渐进性技术对武器装备发展的次要性影响和对战术变革的辅助性作用。正如 T.N.杜普伊所言："在许多情况下，兵器的实际杀伤能力一直是受辅助性技术进展的影响并因此而得到相应提高的。"[111]357-358 比如，火绳枪点火装置、燧发枪点火装置的发明，以及铁制推弹杆的使用[111]359，使得射击更加安全、更加快速、更加准确。再如，火炮后坐装置的发明[111]361，有力提升了火炮的射程、射速和精度，从而极大提高了火炮的杀伤力。颠覆性技术在创新发展时，渐进性技术也在不断改进完善，在颠覆性技术与渐进性技术的合力作用下，必然实现合同战术由渐变向突变的跃升。

5.2　主战装备主导规律

主战装备主导规律，即颠覆性技术支撑的主战装备形成并在战场上发挥主导作用是实现战术变革的前提条件。主战装备是作战中起主要杀伤、破坏作用的武器和武器系统。从武器发展和战术变革的历史看，一种颠覆性技术支撑的新式武器成为主战装备不是与生俱来的，虽然该新式武器产生的颠覆性效应在诞生时就可能显现，但是不可能真正引发战术的颠覆性变革，而是需要一个该新式武器数量不断增多、性能逐渐提高和作用逐步增长的过程。

在旧的战术体系被打破、新的战术体系产生的这一过程中，首先，颠覆性技术是不断发展完善和迭代更新的，这是新式武器产生和应用的技术动因；其次，由颠覆性技术支撑的新式武器得到广泛列装，新式武器的数量和质量均得到显著提升；最后，由颠覆性技术支撑的新式武器在战场上发挥主导作用[146]86，成为决定胜负的重要因素。

下面，以三种典型颠覆性技术支撑的主战装备及其催生的新战术为例进行说明，具体如表 5.2 所列。

表 5.2　三种典型颠覆性技术支撑的主战装备及其催生的新战术

序号	出现的颠覆性技术	诞生的新式武器及发明时间	形成主战装备的时间	催生的新战术
1	动力机械技术	机枪（1883 年）、坦克（1905 年）	机枪（1914 年开始的第一次世界大战）、坦克（1939 年开始的第二次世界大战）	机械化条件下合同战术
2	精确制导技术	精确制导武器（20世纪 70 年代）	精确制导武器（1991年海湾战争）	高技术条件下合同战术
3	网络信息技术	信息系统和信息化武器装备（20 世纪 90年代）	信息系统和信息化武器装备（2003 年伊拉克战争）	信息化条件下合同战术

注：颠覆性技术支撑的主战装备形成时间，是着眼前瞻性和引领性从世界范围内来考察和确定的，而不是特指某一个国家或地区。

动力机械技术的出现，促进了坦克的诞生。1905 年英国人发明了坦克。到 1916 年 8 月，英国已制造出 49 辆坦克，但仍处于试验阶段，驾驶人员也大都未经训练[118]250。1917 年，法国生产出了可供实战的坦克。作为英法对立面的德国，直到 1917 年才设计成功它的第一辆坦克。1918 年 3 月，在第一次世界大战即将落幕时，德国才首次组织了一支坦克小队参加战斗[118]254。虽然坦克在第一次世界大战中已经投入使用，但是对抗双方在战场上真正使用的数量十分有限且性能非常低下，根本不可能成为主战装备，也不会引发战术的颠覆性变革。随着动力机械和坦克制造技术的不断改进完善，到第二次世界大战时，坦克的数量规模明显增大、综合性能显著提升，各种类型坦克在西欧战场[147]860-866、苏德战场[118]261 等不同战场成建制地大规模集中使用，有力促进了机械化条件下合同战术的形成。

精确制导技术的出现，促进了精确制导武器的发展。虽然精确制导武器在 20 世纪 70 年代的越南战争中已经投入使用，但是在战场上投放的数量较少、弹药量占比较低，而且精确性、毁伤性与期望目标相差甚远[127]47，因而不可能成为主战装备，也不会引发战术的颠覆性变革。到 20 世纪 80 年代末 90 年代初，特别是海湾战争中精确制导武器的大量使用，成为多国部队能够在较短时间内战胜伊拉克军队的主要因素[127]47。精确制导武器逐步成为主战装备，极大促进了高技术条件下合同战术的形成。

20 世纪 90 年代以来，在网络信息技术的强有力驱动下，信息系统和信息化武器装备得到了长足发展。在信息化战争的需求牵引下，机械化武器装备有的被直接淘汰，有的被升级改造为具备信息化功能的新式武器装备。这一时期，信息化武器装备逐步占据主导地位，不仅部队列装的数量规模明显增大，而且信息系统支撑下的信息化武器装备作战效能显著提升。特别是在伊拉克战争中，美军基于互联互通的 C^4ISR 系统，利用各军兵种信息化程度均达到甚至超过 50%的武器装备[148]125，不仅占据了信息优势，而且赢得了行动优势。信息化武器装备的广泛列装和主导战场有力促进了信息化条件下合同战术的形成。

随着以人工智能技术为代表的颠覆性技术群体涌现和突破发展，智能化、自主化、无人化武器装备和平台纷纷登场亮相，并采用人机编组、以人为主的形式进行了实战运用。当前，无人系统在运用过程中，主要采取的是"人在回路中"的模式，战斗编组力量仍然以人为主体。之所以采取这一模式，主要原因在于实现人脱离"回路"的颠覆性技术还存在诸多"瓶颈"问题，导致无人系统的自主能力及其战场使用的数量规模均非常有限。虽然无人系统还无法成为目前的主战装备，但是已经使得信息化智能化迭代期的合同战术初见端倪。未来 5～15 年，乃至今后更长的一个时期，随着颠覆性技术存在的诸多"瓶颈"问题被攻克解决，无人系统的自主能力将实现质的飞跃，无人系统在战斗编组中的所占比例将大大提高，无人系统在执行战斗任务中的主导作用将逐渐凸显。当代替人类的各种无人系统能够驰骋战场时，颠覆性技术将驱动战术由渐变向突变的跃升，从而形成智能化时代合同战术。

综上所述，颠覆性技术支撑的主战装备形成是实现战术变革的前提条件。把握这一条规律，需要充分认清颠覆性技术发展的渐进性及其破坏效应显现的过程性。颠覆性技术的发展演变是一个从量变到质变的长期累积过程。在这一过程中，由于颠覆性技术不断改进完善，颠覆性技术产生的颠覆性效应逐渐显露，颠覆性技术支撑的新式装备性能逐渐提高、数量逐渐增多。当新式装备在战场上起主导作用而成为主战装备后，就会促使战术实现新一轮的跃升。同时，对于某一个国家而言，由于颠覆性技术支撑的主战装备形成规模和质量优势，因而为该国在战术理论创新上具有引领性奠定了坚实基础。

5.3　变革进程快慢规律

变革进程快慢规律，即颠覆性技术发展不平衡是导致战术变革进程不同的主要原因。从世界范围看，战术发展史表明，战术变革通常呈现不同步性。也就是说，在某一时期，不同国家和地区之间的战术变革进程往往是不同的，既有快也有慢，既有超前也有滞后。之所以存在上述现象，原因是多方面的，比如政治、经济和文化等因素，再如战争实践、作战环境和战斗主体等因素，但是主要原因在于不同国家和地区之间的颠覆性技术发展不平衡[146]88。下面，以中西方战术变革比较为例来阐述上述观点。

在冷兵器时代，中国作为一个历史悠久、积淀厚重的文明古国，古代的社会生产技术水平较高，特别是金属冶炼技术较为先进。而西方的金属冶炼技术大多从西亚、东方流传过去。从中西方冷兵器比较来看，中国的冷兵器制作精湛、种类较多、使用普遍，而西方的冷兵器无论是制作工艺，还是使用种类，均落后于中国[146]88。在金属冶炼技术的不断发展完善下，中国古代阵式战术变革的步伐比西方要快。公元前 541 年"毁车以为行"的魏舒方阵，是我国步阵取代车阵的标志，像这样机动灵活、攻击能力很强的独立的步兵方阵，直到 110 年以后，以重装方阵著称于世的古希腊斯巴达步兵才接近于类似水平[149]183。步阵到骑阵的变革，首先发生于我国在公元前 2 世纪至公元前 1 世纪的汉匈战争中，步阵战术逐渐让位于骑阵战术。而西方真正进入骑阵战术时代的标志，则是公元 378 年的阿德里雅堡战役[150]28。

进入近代以后，中国战术变革的步伐开始落后于西方。虽然中国是世界上首先发明火药并首先使用火器的国家[118]141，但是到了元末明初，由于长期陷于发展迟缓状态的封建经济，金属管形火器的发展速度停滞下来。中国火器特别是管形火器从 12 世纪问世以来，经过长达 800 年的发展，直到 19 世纪中叶，与西方火器相比，仍然停留在前装、滑膛和火绳点火的阶段[98]。西方在 14 世纪到 16 世纪文艺复兴推动下，各种自然科学门类逐渐确立与成熟完善，为生产技术的全面进步奠定了科学理论基础，也为近代火器的发展提供了源动力。在 18 世纪中叶到 19 世纪末西方资本主义兴起时期，机器工业逐渐代替手工业，火器制作技术有了突飞猛进的发展，西方各国加速对火器进行制造改进。这个时期，我国正处于腐败无能、闭关自守的清王朝统治之下，社会生产力仍然停留在封建手工业状态，枪炮制作技术反倒明显地落后于西方。在西方的线式战术、纵队战术和散兵线战术等新战术不断出现和实践运用时，中国还停留在冷兵器时代的密集阵形战术和骑射战术，无论是战术思想还是具体行动方法都远远落后于西方[146]88。

到了现代，西方先后发明和改进了蒸汽机和内燃机，在以动力机械技术为代表的颠覆性技术强力推动下，经过两次世界大战的实践，机械化条件下合同战术已逐步成熟和完善，创立了比较系统的机械化战术理论。相比之下，我军从创建以来，在经历了土地革命战争、抗日战争和解放战争的实践后，虽然逐渐走上了诸兵种合同战术发展时期，机械化战术理论有了较大发展，但由于我军机械化工业技术和武器装备落后，机械化合同战术水平与西方相比差距仍较大[98]。

20 世纪 50 年代以来，西方原子核反应技术、精确制导技术、网络信息技术等颠覆性技术迅猛发展，先后形成了核武器条件下合同战术、高技术条件下合同战术和信息化条件下合同战术，经历了越南战争、海湾战争、科索沃战争、阿富汗战争、伊拉克战争等实践，合同战术理论不断丰富和完善。而我军在上述颠覆性技术发展上始终处于"跟跑"追赶状态，虽然通过原始创新、集成创新和引进消化吸收再创新的方式推动了军事技术和武器装备发展，合同战术理论也取得了长足的进步，但是在战术理论创新与实战运用上与西方相比仍有一定差距[98]。

当前，以人工智能技术为代表的颠覆性技术群体涌现和突破发展，为我军武器装备发展和战术理论创新提供了重大历史机遇。我国在近年来发布的一系列意见、规划和纲要等文件中，已将颠覆性技术创新发展放在国家层面进行顶层设计和谋划布局。我们既要密切跟踪前沿、科学预判形势、超前决策部署，准确把握颠覆性技术发展动向，又要注重颠覆性技术创新成果在作战领域的转化应用，尽快提出前瞻引领的新战法，从而实现我军技术和战术水平从跟跑向并跑、领跑的战略性转变，使我军逐步成为未来智能化时代颠覆性技术发展的领跑者、战术理论创新的开拓者[98]。

综上所述，颠覆性技术发展不平衡是导致战术变革进程不同的主要原因。把握这一条规律，需要深入挖掘颠覆性技术发展不平衡的根源，真正搞清导致颠覆性技术良性发展和停滞不前的主要因素，为加快战术变革进程提供依据和遵循。具体来说，需要重视提升以下三种能力：一是原始创新力。历史证明，"从 0 到 1"的原始创新能力是一个国家在颠覆性技术创新领域掌握和控制"话语权"的重要砝码。谁在原始创新上率先突破，谁就会在颠覆性技术创新上抢占先机、在战术变革上赢得优势，进而拉大与对手的技术和战术差距。二是转化应用力。颠覆性技术创新成果只有尽快实现转化应用而不是被束之高阁，才能真正释放出新动能，成为加快战术变革的"助推器"。颠覆性技术创新成果的转化应用，看起来简单、说起来容易，但往往是一个国家现实的"短板"，真正做起来需要从政策、制度和法规等不同层面来保证。三是社会生产力。颠覆性技术转化为新式装备进而成为主战装备，需要强大的社会生产力为支撑。否则，颠覆性技术创新成果就难以真正落地，颠覆性技术驱动战术变革也只能是空谈。

5.4 变革周期长短规律

变革周期长短规律，即颠覆性技术的发展速度决定战术变革的周期长短。研究颠覆性技术和战术发展历史，可以发现，颠覆性技术的发展水平是按阶梯式提高的，每一阶段量的积累达到一定程度，产生新的飞跃，形成新的技术或技术群，便会达到一个新的高度和层次，并驱动武器装备更新换代，进而引发战术新一轮的变革。从系统论的角度看，"技术—武器—战术"是一个各要素既相互独立又相互作用的复杂系统。每当新的颠覆性技术出现，"技术—武器—战术"这一稳态结构就会被打破，促使战术由渐变向突变的跃升。战术变革就是在稳态结构形成和被打破的过程中完成的。不同历史时期的颠覆性技术发展速度、武器装备更新换代周期和战术变革周期，如表 5.3 所列。

表 5.3 不同历史时期的颠覆性技术发展速度、武器装备更新换代周期和战术变革周期

序号	颠覆性技术	武器装备发展过程	武器装备更新换代周期	战术发展过程	战术变革周期
1	金属冶炼技术	从公元前约 3500 年铜兵器开始出现[147]2，到铁器逐步替代铜器，再到中国北宋时期开始进入冷兵器和火器并用的时代[119]81	近 4500 年	从公元前约 3000 年战车的出现[118]73，到铁器的运用促使步兵的兴起和战车的衰落，再到 13 世纪初中国的骑兵战术进入鼎盛时期[109]143	阵式战术从车阵、步阵到骑阵的变革历时达 4200 多年
2	火药制作技术	从 10 世纪初中国首次将火药应用于军事[118]137，到 19 世纪后半期单发火器逐渐成为主战装备	近 1000 年	从 17 世纪欧洲"三十年战争"后期出现线式战术萌芽，到 18 世纪末纵队战术开始形成，再到 19 世纪中叶散兵线战术产生和 20 世纪初期趋于完善	单发火器时期的战术变革经历了约 250 年

（续表）

序号	颠覆性技术	武器装备发展过程	武器装备更新换代周期	战术发展过程	战术变革周期
3	动力机械技术	从 19 世纪 80 年代初连发武器出现，到第一次世界大战坦克首次运用，再到第二次世界大战机枪、坦克、飞机的广泛运用	机械化武器装备从出现到成为主战装备约60 年	从第一次世界大战集群式散兵战术出现，到第二次世界大战梯次快速集群战术产生和不断完善	机械化条件下合同战术变革历时约 30 年
4	精确制导技术	从 20 世纪 70 年代初美军在越南战争中开始使用精确制导武器，到20 世纪 90 年代初美军在海湾战争中大量使用精确制导武器，再到 21 世纪初伊拉克战争中精确制导武器主导战场	约 30 年	高技术条件下合同战术从越南战争出现萌芽，到海湾战争已经形成，再到 20 世纪末、21 世纪初趋于完善	高技术条件下合同战术变革历时约 30 年
5	网络信息技术	20 世纪 90 年代以来，以信息系统为纽带的信息化武器装备逐步替代机械化武器装备成为主战装备	信息化武器装备仍在不断发展完善	经过科索沃战争、阿富汗战争的实践，以伊拉克战争为标志，信息化条件下合同战术已经形成	信息化条件下合同战术仍在不断发展完善

注：原子核反应技术及其产生的核武器，是特定历史时期、特定条件下的产物，在此不做讨论。

上表列举和分析了不同历史时期的颠覆性技术发展速度和对应的战术变革周期。从世界范围看，颠覆性技术的发展速度加快，武器装备更新换代就加速，战术变革的周期就相对较短；颠覆性技术的发展速度减慢，武器装备更新换代就减速，战术变革的周期就相对较长[98]。

当今时代，对于人工智能技术这一代表性颠覆性技术来说，自从 1956 年被首次提出以来，经过 60 多年的发展，虽然已经取得一系列突破性进展，催生了一些无人化武器装备和平台，但是我们也要清醒地认识到，人工智能向认知智能、强人工智能发展征程中仍然存在诸多"瓶颈"问题。而突破这些"瓶颈"，依赖于计算机科学、数学、脑科学、心理学、语言学、逻辑学、生命科学等众多基础学科的创新发展和交叉融合。当前，合同战术正处于机械化、信息化、智能化融合发展时期，以人工智能技术为代表的颠覆性技术群体发展速度，决定了无人化武器装备和平台主导战场的时间，也决定了新一轮战术变革的周期长短[98]。

综上所述，颠覆性技术的发展速度决定战术变革的周期长短。也就是说，颠覆性技术发展速度有快有慢，颠覆性技术转化为新一代武器装备，进而引发战术变革的时间有长有短。总的来看，颠覆性技术的发展速度快慢与战术变革的周期长短具有相对一致性，即"快"导致"短"、"慢"导致"长"[98]。把握这一条规律，需要深入分析影响颠覆性技术发展速度的主要因素。具体来说，需要高度关注以下三个方面因素：一是"机制"因素。颠覆性技术良性发展离不开科学合理的稳定长效机制。从颠覆性技术预见、培育、试验到转化应用的各个环节，都需要高效顺畅的运行机制来保证。例如，对于转化应用环节来说，颠覆性技术即便前景再好，产生的颠覆性效应再强，如果不及时实现技术转化而应用于作战领域，那么将很难实现战术的根本性改变。二是"基础"因素。基础不牢，地动山摇。事实证明，颠覆性技术创新发展需要扎实的基础研究和厚积的原始创新作为支撑。否则，颠覆性技术创新发展不可能行稳致远。以人工智能技术为例，在向认知智能、强人工智能加速迈进的征程中，人工智能离不开多个基础学科的联动发展和交叉融合。三是"经费"因素。从世界范围来看，经费投入的数额多少和效益高低是导致颠覆性技术发展快慢的一个重要因素。对于一个国家来说，稳定可靠的经费支持是颠覆性技术创新发展的坚实物质基础。当然，经费投入数额与该国综合实力特别是经济水平密切相关。

5.5　变革反馈作用规律①

变革反馈作用规律，即颠覆性技术发展受战术变革反馈的作用力加大。

---

① 这一节的主要内容已发表在 2020 年 2 月 25 日《解放军报》（第 7 版　军事论坛）。

回顾颠覆性技术发展和战术变革历史，从控制论的角度看，在"技术—武器—战术"系统中，颠覆性技术通过主导武器的发展方向来决定战术的变革走向；战术变革通过对武器的选择来对颠覆性技术的发展提出需求[138]。技术决定战术，而战术又对技术有反馈作用，这也说明了技术和战术相互依存、互为因果的关系。

战术对技术的反馈作用，通常表现为两个方面：一个是"事后"选择，即战术对现有技术转化后的武器装备进行选择，而不是被动接受；另一个是提前"预定"，即着眼战术的现实需要和未来发展，对未来技术和武器的发展提出预先的需求[138]。

对于"事后"选择，战术对技术和武器的发展有着严格的选择性，而不是技术和武器的奴仆。不符合战术发展规律的技术和武器，最终会被排除在外。在第一次世界大战中，随着火药制作和动力机械等颠覆性技术的发展，德国人制造了一种威力巨大的火炮——"巴黎大炮"[109]21。这种大型火炮口径210mm，身管长34m，弹重120kg。"巴黎大炮"全重约750t，需要用50节火车车皮分别运载，到达目的地要用龙门吊车组装后，才能发射炮弹。"巴黎大炮"尽管在当时火力威猛，但由于体型笨重、不便机动，射速太慢、反应迟钝，目标庞大、易遭攻击等原因，后来被战术无情地淘汰了。考察战术变革历史，可以发现，战术史包含着战术对技术和武器选择的整个过程，现在列装的武器都是经过实践检验后由战术精心选择保留下来的[138]。

对于提前"预定"，要以高度发达的科学技术和强大的军工生产能力为基础。因为科学技术越发达，生产各种各样武器的可能性就越大，战术就可先在理论上按照它的要求去选择，而不必让那些不适应战争需要的武器生产、装备部队之后，再用血的代价去选择了。在古代，由于科学技术水平十分低下，人们生产出的武器种类非常少，战术几乎没有选择余地，生产什么武器就拿过来打什么仗。到了现代，科学技术已经十分发达，人们可以通过技术途径把某些设想变为现实，生产出不同功能和种类的武器。由于武器的选择余地变大了，人们可以根据战术发展的规律，来提前设计武器和提出技术需求。战术对技术的这种反馈作用，当人们的认识正确时，就会使技术和武器沿着战术发展的轨迹而演变；当人们的认识错误时，就有可能使技术的发展和武器的制造背离战术发展的规律。例如，在第二次世界大战前，苏军的骑兵将领错误估计了未来战争的情形，认为应当用小坦克来代替一部分骑兵。这种错误观点造成的后果是苏军在第二次世界大战开始时拥有大量的不能适应战争的小坦克[98]。由于这些小坦克火力威力小、装甲防护性能差，"既不能代替骑兵中的战马，也构成不了坦克兵的基础"[151]55，使苏军在大战初期就遭遇惨败。这一惨痛的教训，应该引起反思。

随着智能化时代的到来，战术变革对颠覆性技术发展的反馈作用越来越强、力度越来越大。从未来智能化时代合同战术"无人化、自主化、可视化"的典型特征看，"无人化"要求智能化、无人化武器装备和平台能够代替人类执行作战任务，实现作战力量由"以人为主"向"以机为主"转变，这对人工智能、增材制造、新材料等颠覆性技术的发展提出了新的需求；"自主化"要求无人系统能够像人类一样拥有智慧，实现自主感知态势、自主决策规划、自主控制协调、自主评估效果等能力，这对深度学习、移动互联、人机交互等颠覆性技术的发展提出了新的需求；"可视化"要求实现作战全流程全要素的可视化，使指挥人员能够在"后台"实施全景式的可视化指挥，这对大数据、云计算、物联网、区块链、量子通信等颠覆性技术的发展提出了新的需求。

综上所述，随着战术一次次由渐变向突变的不断跃升，颠覆性技术发展受战术变革反馈的作用力逐渐加大。把握这一条规律，需要在战术对技术的反馈过程中，既要高度重视"事后"选择，通过优选武器装备以加快战术变革进程；又要密切关注提前"预定"，通过周密论证、科学预测，尽可能增加"正能量"的反馈作用力、减少"负能量"的反馈作用力，从而更好地选择未来的武器，确立未来的战术，设计未来的战争[138]。

颠覆性技术涌现背景下战术变革的总体趋向——自主交互集群战术

不深入了解引发战术变革的颠覆性技术发展动向，就不可能科学回答战术变革的未来趋向。因此，在研究了颠覆性技术引发战术变革的内在机理和主要规律后，这一章将从分析颠覆性技术的发展动向入手，探索战术变革的总体趋向。也就是在规律的指引下，搞清楚颠覆性技术涌现背景下战术"向哪变"问题。为了把这一问题研深搞透，笔者试着给未来战术"画像"，首先有个宏观整体的认识，然后再从战术的不同微观层面进行探究。通过整体立意和局部刻画，真正把准战术变革趋向。本章重在"宏观考察"，着力探索"向哪变"问题；下一章将展开"微观探究"，深入探究"怎么变"问题。

随着颠覆性技术群体涌现和突破发展，将不断推动智能化、无人化武器装备和平台的创新发展和作战运用，促使武器装备打击能力、防护能力、机动能力、信息能力和自主能力实现交融聚合，催生人机协同作战、无人集群作战等新型作战方式。由此，在颠覆性技术涌现背景下，合同战术将逐步实现由渐变向质变的跃升，自主交互集群战术应运而生。

6.1　自主交互集群战术的基本内涵

自主交互集群战术，是利用智能化、无人化武器装备和平台的自主交互联动、能力交融聚合和动态柔性编组等功能进行战斗的方法。"自主"强调无人系统的自主学习、自主感知、自主决策、自主控制、自主行动等自主能力；"交互"突出"人机交互""机机交互"的新型交互方式；"集群"体现无人系统的群体协作、灵活自主和临机重组的力量编组模式。

按发展阶段，自主交互集群战术可分为半自主交互集群战术、全自主交互集群战术。其中，半自主交互集群战术是在智能化、无人化武器装备和平台的自主功能不完善的条件下，需要在人的干预控制下进行战斗的方法；全自主交互集群战术是在智能化、无人化武器装备和平台的自主功能完善的条件下，基本不需要或完全不需要人工干预控制下进行战斗的方法[110]。"遥控式"集群战术是自主交互集群战术的雏形，是完全在人的主导下进行战斗的方法，强调"人在回路中"，也就是机器执行一项任务后暂停，等待人类发出指令后再继续，人始终在回路中。半自主交互集群战术强调"人在回路上"，也就是机器可进行自主感知、自主决策和自主行动，但人类可观察监督机器行为并在必要时进行干预。全自主交互集群战术强调"人在回路外"，也就是在没有人类干预的情况下机器能进行自主感知、自主决策和自主行动。

目前，从技术层面看，"人在回路中"的"遥控式"集群战术已基本实现，"人在回路上"的半自主交互集群战术已实现突破。未来5~15年的信息化智能化迭代期，将完全实现"人在回路中"的"遥控式"集群战术，基本实现"人在回路上"的半自主交互集群战术，部分实现"人在回路外"的全自主交互集群战术。总而言之，将按照人逐渐脱离"回路"的方向发展。

无论是"人在回路上"的半自主交互集群战术，还是"人在回路外"的全自主交互集群战术，在战术运用过程中人都是始终处于支配的、主导的地位，智能化、无人化武器装备和平台始终处于被支配的、被主导的地位。需要指出的是，"人在回路外"强调的是人对战场态势能够进行可视化、实时化、精确化的监控，由于参战力量高度智能化、自主化，基本不需要或完全不需要人工干预控制战斗行动，但必要时也可在人的干预控制下对战斗行动进行临机调控[152]。

综上所述，笔者认为，自主交互集群战术体现了颠覆性技术涌现背景下战术变革的总体趋向，蕴含了未来智能化时代的基本战术思想。从历史上看，第二次世界大战期间的"闪击战"体现了快速突破的战术思想，核武器条件下的合同战术体现了大纵深立体的战术思想，高技术条件下的合同战术体现了精确打击、立体机动的战术思想，信息化条件下的合同战术体现了信息主导、网聚效能、整体联动等战术思想。实现这些战术思想的颠覆性技术主要包括动力机械技术、原子核反应技术、精确制导技术、网络信息技术等。如果没有这些颠覆性技术的支撑和驱动，那么上述战术思想便难以实现。随着以人工智能技术为代表的颠覆性技术群体涌现和突破发展，自主交互集群战术将体现自主行动、人机交互、群体协作等战术思想。

需要说明的是，自主交互集群战术是未来智能化时代合同战术的一般形式。在实际作战运用中，要根据具体情况灵活变通，提出针对性的有效战法。例如，将无人集群提前配置到指定区域，实施灵活部署、适时激活的无人集群预置战术；利用无人平台的自主性、隐蔽性特征，实施低成本、高回报的智能精确点穴战术；通过有人和无人力量混合编组、高效交互，实施人机结合、无人主导的智能集群夺控战术；利用无人集群的智能自主、造价低廉、数量庞大的优势，实施高密度、多波次的无人饱和攻击战术；基于地面火炮发射、空中母机抛洒等方式投送无人作战平台，实施超远程、自组织的智能自主突击战术。古代兵书《阵纪》上说："善用兵者，必因敌而用变也，因人而异施也，因地而作势也，因情而措形也，因制而立法也。"[153]198-199因此，要善于灵活运用自主交互集群战术的上述变种形式。如果无论何种情形，都把自主交互集群战术当成唯一的形式而到处套用，就难免削足适履了。

6.2 自主交互集群战术的技术动因

根据世界主要国家发展态势，着眼颠覆性技术发展动向，未来 5～15 年，将基本实现半自主交互集群战术，在特定条件下可部分实现全自主交互集群战术。理解自主交互集群战术的内涵要义，需要深入分析实现自主、交互、集群的技术动因。

6.2.1 自主的技术动因——感知智能向认知智能迈进

让武器拥有自主能力是人类孜孜以求的梦想。当今时代，颠覆性技术群体涌现和突破发展为人类梦想实现奠定了技术基础。"自主"意味着武器具备了类脑智能，拥有了像人类一样的智慧"大脑"，能够代替人类走上战场，执行枯燥、恶劣、危险、纵深等战斗任务，从而有效降低人类自身伤亡的风险。以伊拉克战争为例，美军进入伊拉克的时候，一开始并没有机器人系统参加地面行动。到 2004 年底，参加地面行动的机器人数量达到 150 台。到 2005 年底，数量增至 2400 台。到 2006 年底，数量突破 5000 台，并持续增加。到 2008 年底，共有约 22 种不同类型的机器人系统在伊拉克参加地面行动，数量高达 1.2 万台[154]42-43。在以人工智能技术为代表的颠覆性技术群体驱动下，战斗力量将趋于自主无人化，人类渴望"远离战场"和追求"零伤亡"的梦想正逐步成真。

1. 自主的技术支撑

人工智能技术是实现无人系统自主能力的核心技术。从人工智能的发展历程看，基于快速计算和记忆存储能力的"计算智能"已基本实现；基于视觉、听觉和触觉等感知能力的"感知智能"已取得重大进展，但存在机器学习严重依赖海量数据和强大算力，泛化能力较弱且过程不可解释等问题[155]；基于机器"能理解、会思考、可自主"目标的"认知智能"仍面临诸多"瓶颈"问题，是未来着力突破的方向。

从人工智能"数据、算法、算力"三大要素看，随着大数据技术在海量数据存储、数据分析发掘、数据可视化、数据安全等关键技术领域不断取得突破，将逐步形成安全可靠的大数据技术体系，为人工智能创新发展提供数据支撑[156]。云计算技术的发展经历了第一代虚拟化、第二代资源池化，正逐步推向第三代技术，即基于微服务架构和 Docker 容器技术的 PaaS/SaaS①云平台[31]18。其中，Docker 容器是一个开源的应用容器引擎，微服务以镜像的形式运行在 Docker 容器中，Docker 容器技术让服务部署变得更加简单、高效。脑科学与神经科学、认知科学的突破进展，将使得在脑区、神经簇、神经微环路、神经元等不同尺度观测和获取脑组织的活动数据成为可能[157]35。人脑信息处理过程不再仅凭猜测，而通过学科交叉和实验研究获得的人脑工作机制也更具可靠性。因此，受脑信息处理机制启发，建立具有生物和数学基础的类脑计算模型与学习方法，将成为未来人工智能领域的研究热点。人工智能在大数据、云计算、脑科学等新理论新技术的驱动下，目前进展较迅速的是面向特定领域的专用人工智能，其表现出的智能已非常接近甚至超越人类；进展较缓慢的是通用人工智能，其智能水平与人类的期望还相差较大。

根据世界主要国家人工智能发展规划，未来 5～15 年，人工智能将在基础理论、关键共性技术、基础支撑平台等方面不断取得突破性进展[9]，有力提升人工智能通用性和认知智能水平，加快推进无人系统自主能力跃升。首先，深化基础理论研究，主要包括大数据智能理论、跨媒体感知计算理论、混合增强智能理论、群体智能理论、自主协同控制与优化决策理论、高级机器学习理论、类脑智能计算理论、量子智能计算理论等。另外，开展跨学科探索性研究，推动人工智能与认知科学、神经科学、量子科学、数学、心理学、经济学、社会学等相关基础学科的交叉融合，加强引领人工智能算法和模型发展的数学基础理论研究。其次，突破关键共性技术。主要包括知识计算引擎与知识服务技术、跨媒体分析推理技术、群体智能关键技术、混合增强

---

① PaaS: Platform as a Service（平台即服务）；SaaS: Software as a Service（软件即服务）。

智能新架构与新技术、自主无人系统的智能技术、虚拟现实智能建模技术、智能计算芯片与系统、自然语言处理技术等。最后，打造基础支撑平台。主要包括人工智能开源软硬件基础平台、群体智能服务平台、混合增强智能支撑平台、自主无人系统支撑平台、人工智能基础数据与安全检测平台等。

2. 自主的发展动向

在以人工智能技术为代表的颠覆性技术群体驱动下，无人系统的控制方式将由"遥控式"向"半自主式""全自主式"转变。尽管无人系统在海湾战争、科索沃战争、阿富汗战争、伊拉克战争、利比亚战争、叙利亚战争等战争中得到广泛使用，但主要是以"人在回路中"的"遥控式"控制为主，无人系统的自主能力十分有限。从技术层面看，"遥控式"已相对成熟，"半自主式"已部分实现但功能有限，"全自主式"已初见端倪。

近年来，美国国防部先后发布的多个版本的无人机/无人系统路线图文件均将实现完全自主作为长期目标。2005年8月，美国国防部发布的《无人机系统路线图（2005—2030）》，将无人机自主控制分为3个阶段、10个等级[68]48。其中，3个阶段为单机自主、多机自主、集群自主。单机自主包括1~4级，即遥控引导（最低等级）、实时故障诊断、故障自修复和环境自适应、机载航路重规划；多机自主包括5~7级，即多机协调、多机战术重规划、多机战术目标；集群自主包括8~10级，即分布式控制、群组战略目标、全自主集群（最高等级）。预计2025年，无人机将具备全自主集群能力[158]。2005年版路线图中提出的无人机自主控制等级发展趋向，如图6.1所示。

图6.1中，Pioneer是指RQ-2B"先锋"无人机，Predator是指MQ-1"捕食者"无人机，Global Hawk是指RQ-4"全球鹰"无人机，Shadow是指RQ-7A/B"影子"200无人机，ER/MP是指"增程/多用途"无人机，Fire Scout是指RQ-8A/B"火线哨兵"无人机，J-UCAS Goal是指联合无人空战系统，UCAR Goal是指无人战斗武装旋翼机。

2010年4月，美国陆军发布了《美国陆军无人机系统路线图（2010—2035）》，该文件是美国陆军第一份关于陆军无人机未来发展的战略性文件，也是继 2009 年《机器人战略白皮书》之后，美国陆军正式发布的又一份关于无人系统的发展战略文件。该路线路与美国国防部 2009 年发布的《无人系统综合路线图（2009—2034）》密切关联。路线图遵循国防部《无人系统综合路线图（2009—2034）》的整体战略设想，在总结过去近 20 年来陆军无人机使用经验与教训的基础上，结合美国陆军未来的作战需求，按照近期、中期和远期三个发展阶段对陆军未来 25 年的无人机发展与使用进行了整体规划和设想，特别是提出了不同发展阶段无人机具备的自主能力、面临挑战和实施计划。

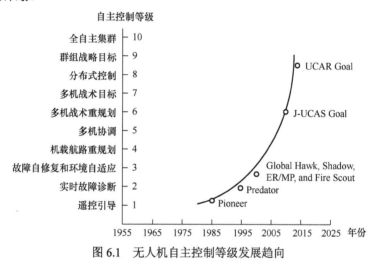

图 6.1　无人机自主控制等级发展趋向

2011 年，美国国防部发布的《无人系统综合路线图（2011—2036）》提出了自主性发展的四个阶段[71]46，即从第一阶段人员操作（Human Operated），到第二阶段人员授权（Human Delegated），再到第三阶段人为监督（Human Supervised），直至第四阶段实现完全自主（Fully Autonomous）。2018 年 8 月，美国国防部发布了《无人系统综合路线图（2017—2042）》，在新版路线图中再次强调了自主性的重要作用，明确提出"自主性将大大提高有人和无人系统的效率和效能，为国防部提供战略优势"[73]前言5。

根据当前颠覆性技术研究进展和未来发展动向，虽然总体趋势是由"遥控式""半自主式"向"全自主式"转变,但是由于这三种方式各有优缺点,在当前和今后一个时期三者仍将并驾齐驱、共存互融,只不过主次关系和地位作用将发生显著变化。

"遥控式"属于"人在回路中"的控制方式,其优点是无人系统全程在人的主导下实施控制,即使在突发或意外的情况下,也能由人及时采取措施灵活应对[159];与操作传统武器相比,无人系统更易操作且操作员的培训时间较短。美军新兵只需约一天半的训练,就能掌握背包机器人的基本技能。接下来他们只需数个星期弄清楚所有的动作,就能达到专家水平而熟练操控[154]495。而小一些的无人机,如"乌鸦"无人机,只需要不到 1 个小时就能学会[154]493。缺点是需要耗费一定的人力,特别是在无人系统数量规模庞大的情况下,人将无法有效控制,甚至超出人的控制能力[159]。在当前认知智能不完善的情况下,"遥控式"仍然是对无人系统采取的一种较为普遍的控制方式。

"半自主式"属于"人在回路上"的控制方式,其优点在于部分解决了"遥控式"的缺点,即无人系统具备了一定的自主能力,在一定程度上减少了人的工作量[159]。"仅仅让一名真人操作手同时操控两台而不是一人一台这种做法,就会让机器人的性能平均降低 50%。"[154]178 随着无人系统自主能力的提升,单个操作员可以借助信息系统,利用授权或监督的方式指挥控制更多无人系统遂行作战任务。但缺点也是显而易见的,就是人仍然没有脱离"回路"。虽然在突发或意外情况下,仍能由人及时采取措施主动应对,但是却增加了人的负担。随着认知智能水平逐步提升,介于"遥控式"和"全自主式"之间的"半自主式",将是未来 5~15 年对无人系统采取的主要控制方式。

"全自主式"属于"人在回路外"的控制方式,其优点是基本不需要或完全不需要人工干预控制[159]。当前,从技术层面看,个别武器装备和平台在特定条件下已经基本实现了完全自主。2005 年 10 月,在 DARPA 举行的机器人公路挑战赛中,"斯坦利"无人驾驶车以最高时速 38 英里,耗时 6 小时54 分跑完全程,夺得冠军[154]193。挑战赛的 142 英里赛程是沙漠中高低不平的路段,与阿富汗和伊拉克等作战地区的崎岖路况非常相似。这次挑战赛明确了 3 条规则：第一，参赛车辆必须在 10 小时内自主跑完比赛全程；第二，不允许人为干预，即比赛时不许向参赛车辆发送指控命令；第三，任何参赛车辆不许故意"接触"其他参赛车辆。除了无人驾驶车辆，具有自主巡航攻击的反辐射导弹、反辐射无人机、巡飞弹等，均基本具备了完全自主能力。

3. 自主的表现形式

无人系统自主能力主要表现在"思维"自主和"行为"自主两个方面。对于单个无人系统，在"思维"层面，自主学习是基础，自主决策是核心。在"行为"层面，在自主"思维"的支撑下，能够实现基于自主感知的自主控制和自主行动。对于多个无人系统，在执行同一作战任务过程中，还需要实现基于群体智能的自主决策、自主交互、自主控制和自主行动。

未来 5～15 年，在大数据、云计算技术的推动下，随着脑科学、神经生理学、心理学等新理论的不断突破，人工智能呈现出深度学习、跨界融合、群智开放等新特征。大数据驱动知识学习、人机协同增强智能、群体集成智能和自主智能系统等成为人工智能发展重点，类脑智能蓄势待发，脑机接口技术取得新进步，面向人工通用智能的异构芯片研发取得重大进展。人工智能在理论、软件和硬件上的多点同步突破，以及"数据、算法、算力"三个要素的协同创新发展，将极大提升无人系统的"思维"自主和"行为"自主能力。

从技术层面看，实现无人系统的自主能力，前提和基础是做到知识数据化和数据知识化。所谓知识数据化，就是把人类的知识进行格式化、规范化、标准化处理，使得机器能够快速"学习"和准确"掌握"人类知识。也就是把人类的"知识库"最大限度转换为机器可以"理解"的"数据库"。在军事上，需要把条令条例、作战原则、作战方法、体制编制、武器装备、后装保障等方面的知识，以科学合理的数据结构进行设计呈现，进而汇集成为军事知识数据库。所谓数据知识化，就是将机器存储的格式化、规范化、标准化"数据库"精准映射和快速转化为人能够理解的"知识库"，使得人机交互更加自然、简便和顺畅。

目前，人工智能在"思维"自主和"行为"自主上已经取得了重大突破和进展。特别是在民用领域更为突出。鉴于人工智能技术的军民通用性和融合性，分析梳理和归纳总结人工智能在民用领域的应用情况，将为人工智能在军事领域的拓展应用提供借鉴和参考。下面，以"思维"自主和"行为"自主在民用领域的代表性成果为例进行分析说明，进而映射到军事领域的应用。

对于"思维"自主，代表性成果为棋类机器人。近年来，"人机对战"领域最吸引眼球的成果莫过于美国 Alphabet 旗下公司 DeepMind 的 Alpha 家族。从 AlphaGo 开始，到 AlphaGo Zero，再到 AlphaZero，不断取得"战胜"人类的里程碑式成果[63]283。AlphaGo、AlphaGo Zero、AlphaZero 的比较，如表 6.1 所列。

表 6.1 AlphaGo、AlphaGo Zero、AlphaZero 的比较

分类 区别	AlphaGo	AlphaGo Zero	AlphaZero
主要赛绩	AlphaGo 的定位是人工智能围棋机器人。2016 年，战胜职业九段棋手李世石；2017 年 5 月，战胜世界围棋冠军柯洁。围棋界公认 AlphaGo 的棋力已经超过人类职业围棋顶尖水平	2017 年 10 月，依托无监督增强学习框架的 AlphaGo Zero 围棋程序战胜了 AlphaGo	2017 年底，棋类游戏通用版本 AlphaZero 研发成功，对于围棋、国际象棋、日本将棋等棋类游戏，均以压倒性优势战胜包括 AlphaGo Zero 在内的当时最强的人工智能程序
自主学习	AlphaGo 在蒙特卡罗树搜索的框架下引入价值网络和策略网络两个卷积神经网络，以改进纯随机的蒙特卡罗模拟，其中价值网络用于评估局面，策略网络用于选择落子位置。研发者借助监督学习和增强学习训练上述两个网络	AlphaGo Zero 采用"无师自通"的自我对弈学习模式，其模型可以在没有数据的情况下自主学习。AlphaGo Zero 最初只了解围棋的基本规则，自学 3 小时后具有人类初学者水平，自学 19 小时后自己总结出了一些经验和技巧，自学第 3 天后战胜了 2016 年击败李世石的 AlphaGo 版本，自学第 40 天后战胜了 2017 年击败柯洁的 AlphaGo 版本	AlphaZero 仍然采用"从零开始"训练的策略，最初只了解棋类的基本规则，自学 2 小时击败日本将棋的最强程序 Elmo；自学 4 小时击败国际象棋的最强程序 Stockfish；自学 8 小时击败与李世石对战的 AlphaGo 版本，而早期的 AlphaGo Zero 达到这一成就就需要耗时 3 天。与 AlphaGo Zero 相比，AlphaZero 更进一步地将只能让机器下围棋拓展到能够进行清晰规则定义的更多棋类问题

（续表）

分类 区别	AlphaGo	AlphaGo Zero	AlphaZero
主要特点	AlphaGo 首先利用监督学习技术，把人类专家下棋数据作为训练数据，然后利用增强学习技术，让机器自己和自己对弈，并从中汲取经验	与 AlphaGo 相比，AlphaGo Zero 大幅度简化了系统的设计思路和模型逻辑结构，加快了训练和运行速度，不仅显著提高了棋力，而且明显节约了算力。AlphaGo 采用监督学习技术和增强学习技术相结合的策略，而 AlphaGo Zero 只使用了增强学习技术，标志着人工智能自主学习取得重大进展	AlphaZero 使用了完全无须人工特征、任何人类棋谱、任何特定优化的通用增强学习算法，利用深度神经网络"从零开始"进行增强学习，在此基础上更新网络参数，减小网络估计的比赛结果和实际结果之间的误差，同时使策略网络输出动作和蒙特卡罗树搜索可能性之间的相似度达到最大化。AlphaZero 在短时间内精通多种棋类游戏，已具备棋类通用人工智能的雏形

此外，2018 年 11 月，在第 13 届全球蛋白质结构预测竞赛上，AlphaFold 成功预测了蛋白质的三维结构，击败了所有对手。AlphaFold 击败人类夺冠，是"掌握复杂游戏"到"掌握基本科学问题"的重大转变[63]287。2019 年 1 月，使用多智能体学习算法的 AlphaStar 在"星际争霸 2"游戏中战胜职业选手[63]287。与围棋不同，"星际争霸 2"游戏无法看到整张地图，而且是连续不间断的，整个游戏操作步骤甚至会超过 5000 步，极具复杂性、策略性和挑战性。

从 AlphaGo、AlphaGo Zero、AlphaZero、AlphaFold、AlphaStar 不断"战胜"人类的历程看，机器人在特定领域的自主"思维"能力已经超过了人类。随着基于神经网络的机器学习技术不断发展完善，无人系统的自主学习能力和"思维"水平将得到极大提升。

"战胜"人类的 Alpha 家族尽情展示了无人系统强大的自主"思维"能力。而这仅仅是无人系统自主能力的一个方面，在军事领域还需要高度关注无人系统自主"行为"能力的研究进展。目前,以乒乓球机器人为代表的体育类机器人充分展示了无人系统超强的自主"行为"能力。

2018 年 9 月,在 2018 世界人工智能大会上展出了第二代乒乓球机器人"庞伯特"。该机器人由上海体育学院与新松机器人自动化有限公司联合研发。与第一代乒乓球机器人相比,庞伯特在结构设计、视觉识别、响应速度、学习效率、精确控制等方面进行了全面升级。第二代乒乓球机器人使用了碳纤维材料,结构造型更为灵活,击球区域可以无缝覆盖整个乒乓球桌,这种轻量化设计极大提高了机器人的回球速度。第二代乒乓球机器人的高速双目立体视觉系统,能够快速捕捉球的轨迹,有力提升机器人的响应速度,视觉识别更加精准稳定。第二代乒乓球机器人具有更加优化的深度学习和强化学习模型,具有"自主学习"的本领,能够自己主动去"钻研"不同发球者的动作和打球方式,可以借助"双目"和智能算法预测判定乒乓球轨迹,从而自主制定回球策略。

2018 年 12 月,在 CCTV-1《机智过人》第二季"智见未来先锋盛典"节目中,通过让最先进的人工智能技术与"最强人类"展开"最强检验"的"人机比拼"方式,实战检验了庞伯特的水平。节目中,庞伯特对战世界冠军邓亚萍。在人机对打中,邓亚萍从速度、力量和旋转 3 个方面全面测试了机器人的性能。刚开始的时候,庞伯特基本接不住球,但是几百个回合下来,庞伯特通过数据采集、分析和处理,快速调整打法,竟然能够比较轻松地接住邓亚萍打过去的各种上旋、下旋和弧旋球,以及特别刁钻的球。面对世界冠军,庞伯特一点一点地统计数据,一项一项地分析梳理,一步一步地学习积累,从初始的"束手无策",再到后来的"应对自如",充分展现了其强大的精准识别、快速反应、自主学习和灵活控制能力。

据统计,中国培养一个能达到世界冠军水平的乒乓球运动员,训练时间平均需要 15 年。随着人工智能技术的发展,可以让机器人和不同的高水平运动员对打,也可以通过视频回看的方式让机器人自主学习以往高级别大赛中运动员的经验教训,从而不断适应各种不同的打法。在此基础上,再让乒乓球机器人来训练运动员,这样会大大缩短运动员的培养周期。

乒乓球机器人超强的适应能力、学习能力和控制能力，以及具备"情绪"不会紧张、"身心"不知疲倦、"记忆"不会超载的特有优势，不仅有可能快速训练出未来的世界冠军，而且在不远的将来极有可能打败乒乓球界的各路高手。

此外，体操机器人、投篮机器人、足球机器人等体育类机器人纷纷登场亮相，以极强的视觉震撼力展示了机器人的非凡智能和灵活控制协调能力。比如，在网上走红的波士顿机器人 Atlas，不但可以实现双脚平稳直立行走，而且能够做到标准的 360° 后空翻后完美落地，其完成的高难度动作完全可以和体操运动员相媲美。

综上分析，"思维"自主和"行为"自主在技术实现和"瓶颈"突破上均取得了重大进展。从技术层面看，棋类机器人、体育类机器人与战斗类无人系统（无人机、战斗机器人、无人坦克等）有着极强的映射关系，前者的"思维"自主和"行为"自主对于后者均有一定的适用性。就单个主体而言，它们之间的映射关系如表 6.2 所列。

表 6.2　战斗类无人系统与围棋机器人、乒乓球机器人的映射关系

主体 分类	战斗类无人系统	围棋机器人	乒乓球机器人
自主学习	学习交战规则、分析训练数据、自主对抗学习	学习棋类规则、分析训练棋谱、自主对弈学习	学习打球规则、分析训练数据
自主感知	自主引接其他多源情报，自身携带传感器自主侦察探测目标	将对手的落子位置作为输入	高速双目立体视觉系统判断球的旋转、轨迹和落点
自主决策	基于战场实时态势的智能自主决策	将卷积神经网络的评估和选择作为输出，即落子位置	通过乒乓球轨迹预测来自主制定回球策略
自主控制	动态路径规划、自主机动控制、自主规避防撞、任务自适应控制、故障预测与自修复控制等		根据球的落点来灵活控制机械臂的位置

（续表）

主体 分类	战斗类无人系统	围棋机器人	乒乓球机器人
自主行动	自主侦察、自主机动、自主攻击、自主防护		以进攻或防守的方式，接住各种上旋、下旋、弧旋球，以及特别刁钻的球

随着人工智能由感知智能向认知智能加速迈进，无人系统的"思维"自主和"行为"自主能力将不断提升。除了人工智能、大数据、云计算等技术之外，大规模天线技术、超密集异构网络技术、自组织网络技术、高频通信技术、全双工技术等移动互联技术的发展，为人机交互提供了高速率、大容量、低延时的可靠通信；移动互联、物联网、区块链、量子信息等技术的深度融合，筑起牢不可破的战场"云网络"，为打通体系作战信息壁垒提供有力支撑；增材制造技术为无人系统提供及时可靠的"伴随式"保障；新能源技术为无人系统提供安全持久的续航力；新材料技术不断提升无人系统的柔韧性、适应性和耐用性。上述这些相互关联、交叉融合的颠覆性技术群体发展，将加快实现"遥控式"向"半自主式""全自主式"转变，促使无人系统的"智慧"涌现和作战运用。

6.2.2　交互的技术动因——万物互联向万物智联跃升

物联网、移动互联、区块链、量子信息等颠覆性技术的突破发展和融合渗透，将构建"横向到边全覆盖、纵向到底无缝隙"的网络信息体系，实现从"万物互联"到"万物智联"的飞跃，促使交互方式从传统的"人人交互"向"人机交互"和"机机交互"拓展。

1.交互的技术支撑

颠覆性技术的深度融合，将筑起泛在化、智能化、一体化的战场信息交互"云网络"，实现泛在智联、分布实时和安全可信的交互，为打通体系作战信息交互壁垒提供有力技术支撑。

1）物联网——构建"泛在智联交互"的基础架构

物联网的核心技术思想是"按需求连接万物"[160]。具体而言，就是利用射频识别、传感器、红外感应器、视频监控、全球定位系统、激光扫描器等信息采集设备，通过无线传感网络和无线通信网络把物体与互联网按需求连接起来，实现物与物、人与物之间的便捷信息交换和安全可靠通信，以达到智能化感知、识别、定位、跟踪、监控和管理的目的。

物联网是传统互联网的延伸和拓展，它将各种物体以网络为载体进行连接，能够基于网络快速获取所要查询物体的相关信息，从而构建所有物端之间具有自主学习、自主感知、自主决策和自主控制能力的智能化服务环境。互联网虽然实现了人与人、服务与服务之间的互联，但是没有解决现实世界中人对"物"的感知问题；物联网不仅圆满解决了上述问题，而且实现了人、物、服务之间的交叉互联[161]。目前，传感器技术、无线传输技术、海量数据分析与处理技术、应用支撑技术、安全与管理技术等物联网关键技术已经取得众多突破并得到广泛应用。

下一步，物联网将加深与 5G、人工智能、大数据、云计算、区块链、边缘计算等技术的融合渗透，物联网的跨界融合、集成创新和规模化发展的趋势将更加凸显，进一步体现更透彻的感知、更广泛的互联和更智能的应用特征[32]27，进而构建出一个全新的、泛在的战场智能基础架构。

2）移动互联——实现"分布实时交互"的无缝网络

移动互联网是多学科交叉融合的产物，涉及无线蜂窝通信、无线局域网，以及互联网、物联网、云计算等诸多领域。移动通信技术从 1G 到 5G 的不断演进是移动互联网持续快速发展的主要推手。目前，5G 以高速率、大容量、低延时实现了革命性技术突破，已经开始在全球范围内大规模部署。5G 与人工智能、大数据、边缘计算等技术的融合创新，将更好地满足物联网的海量需求。但是从 5G 标准的规范来看，仍然在信息交互方面存在空间范围受限和性能指标难以满足需求的不足。例如，从通信网络空间覆盖范围看，5G 仍然是以基站为中心的发散覆盖，通信对象集中在陆地地表 10km 以内高度的有限空间范围，在基站未覆盖的区域内将形成通信盲区。预计 5G 时代仍将有 80%以上的陆地区域和 95%以上的海洋区域没有移动网络信号[162]3。而 6G 将构建跨地域、跨空域、跨海域的"空天海地"一体化网络，实现真正意义上的全球无缝覆盖。

2018 年 7 月，ITU-T 第 13 研究组在日内瓦举行的会议上，成立了由中国（华为）、美国（Verizon）、韩国（ETRI）联合提案发起的 2030 网络技术焦点组（FGNET-2030）。焦点组提出了 6G 网络 3 个方面的目标，即甚大容量与极小距离通信（VLC&TIC）、超越"尽力而为"与高精度通信（BBE&HPC）、融合多类通信（ManyNet）[162]17-18。2020 年 2 月，在瑞士日内瓦召开的第 34 次国际电信联盟无线电通信部门 5D 工作组（ITU-R WP5D）会议上，面向 2030 网络及 6G 的研究工作正式启动[162]18-19。

目前，虽然 6G 刚刚处于试验研究阶段，但世界主要国家纷纷提前布局 6G 技术，以谋求领先优势。2019 年初，美国总统特朗普公开表示要加快 6G 技术发展。2019 年 6 月，英国电信集团首席网络架构师 Neil McRae 预计 6G 将在 2025 年得到商用。2019 年 11 月 3 日，我国成立国家 6G 技术研发推进工作组和总体专家组，标志着我国 6G 研发工作在国家层面正式启动[163]。2020 年 1 月，韩国政府宣布将于 2028 年实现商用 6G。

未来 5～15 年，6G 将重点突破以下关键技术：下一代信道编码及调制技术、新一代天线与射频技术、太赫兹无线通信技术与系统、空天海地一体化通信技术、软件与开源网络关键技术、基于 AI 的无线通信技术、区块链技术、动态频谱共享技术等[162]10-16。其中，区块链是分布式数据存储、点对点传输、共识机制、加密算法等计算机技术的创新应用模式，具有去中心化、不可篡改、全程留痕、可以追溯等特点。区块链技术并不是单一信息技术，而是依托现有技术加以独创性的组合及创新，从而实现前所未有的功能。目前，区块链技术经历了 3 个发展阶段，即技术起源、区块链 1.0（数字货币）、区块链 2.0（智能合约）[164]。从国内外发展趋势和区块链技术发展演进路径来看，区块链技术将向区块链 3.0 方向发展[165]39，共识机制、数据存储、网络协议、加密算法、隐私保护和智能合约等核心关键技术将进一步优化完善。未来，区块链技术和应用的发展需要云计算、大数据、物联网等技术作为基础设施支撑，同时区块链技术和应用发展对推动其他信息技术的发展将具有重要的促进作用。

与 5G 相比，6G 在峰值速率、时延、流量密度、频谱效率、网络能效等关键指标上将明显提升。从 5G 走向 6G，进一步将服务边界从物理世界延伸至虚拟世界，实现"人—机—物—境"的完美协作。5G 与 6G 关键性能指标对比，如表 6.3 所列[162]10。

表 6.3 5G 与 6G 关键性能指标对比

指　　标	5G	6G	提升效果
速率指标	峰值速率：10～20Gbps	峰值速率：100Gbps～1Tbps	10～100 倍
时延指标	1ms	0.1ms	10 倍
流量密度	10Tbps/km²	100～10000Tbps/ km²	10～1000 倍
连接数密度	100 万个/ km²	可达 1 亿个/ km²	100 倍
移动性	500km/h	大于 1000km/h	2 倍
频谱效率	可达 100bps/Hz	200～300bps/Hz	2～3 倍
定位能力	室外 10m，室内几米甚至 1m 以下	室外 1m，室内 10cm	10 倍
频谱支持能力	Sub6G 常用载波带宽可达 100MHz，多载波聚合可能实现 200MHz；毫米波频段常用载波带宽可达 400MHz，多载波聚合可能实现 800MHz	常用载波带宽可达 20GHz，多载波聚合可能实现 100GHz	50～100 倍
网络能效	可达 100bits/J	可达 200bits/J	2 倍

3）量子信息——提供"安全可信交互"的可靠保证

量子信息技术是量子力学与信息科学交叉融合的产物，它以量子力学基本原理为基础，利用量子纠缠、量子不确定性、量子不可克隆等各种量子特性来实现对信息的编码、计算和传输，可超越现有信息技术系统的经典极限。目前，相关研究和应用主要围绕量子通信、量子计算、量子传感等方向展开。

目前，量子通信已在高速量子密钥分发、高速高效率单光子探测、可信中继传输和大规模量子网络管控等关键技术上取得重大进展。2020 年 6 月 15 日，中国科学院宣布，"墨子号"量子科学实验卫星在国际上首次实现了千公里级基于纠缠的量子密钥分发[166]。根据最新发展的量子纠缠源技术，未来卫星上可每秒产生 10 亿对纠缠光子，最终密钥成码率将提高到每秒几十比特或单次过境几万比特，从而让安全的实用化量子密钥分发网络成为可能。下一步，量子通信将重点在增加安全通信距离、提高安全成码率和提升现实系统安全性等方面进行突破。随着量子通信技术的发展，构建安全可靠、稳定实用、广域分布的量子通信网络将成为可能。

量子计算可对海量数据进行实时分析处理，有效解决高性能、大数据计算问题。与传统计算机相比，量子计算机具有内在的量子并行计算能力，可实现计算能力质的飞跃，能够应对传统方法根本无法或难以解决的计算问题。目前，量子计算的研究重心是量子比特等基本部件，下一步的发展目标是在实现小规模、专用的量子计算机的基础上，提高量子系统中相干操控的能力，增强量子算法的实用性和扩展性，研发大规模、通用的量子计算机。

量子传感是利用量子态演化和测量实现对外界环境中物理量的高灵敏度检测，其具有灵敏度高、待测物理量与量子属性关系简单恒定的天然优势。例如，国外量子传感在导航和定位领域的应用方面，2013 年美国陆军基于激光冷却原子方法研制出新型量子传感器，2014 年英国研发出"量子罗盘"导航系统原型机[167]。下一步，量子传感器将着力提高空间分辨率、测量精度和系统稳定性。

2．交互的发展动向

随着交互方式从传统的"人人交互"向"人机交互"和"机机交互"拓展，交互手段更加多样，感知理解更加智能，表现形式更加丰富。

对于"人人交互"，千百年来，人类用语言、图符、烽火、旗语、钟鼓、竹简、纸书等手段进行交互，信息传递的距离和内容十分有限，时效性也非常低下。19 世纪中叶以来，随着电报、电话的发明和电磁波的发现，人类交互的方式发生了根本性的变革，实现了有线和无线通信。这一时期通信技术的发展，虽然大大提升了交互距离和时效性，但是安全性难以保证。1946 年世界上第一台电子计算机诞生以来，以计算机为核心的信息通信技术飞速发展，虽然卫星通信、微波通信、光纤通信、数字通信等技术得到广泛应用，但是仍然难以满足日益增长的通信容量、速率、时延、密度和安全等需求。以海湾战争和伊拉克战争的通信带宽需求为例，1991 年的海湾战争期间，美军使用的带宽总计为 100Mbit，可以满足美军部署的大约 54 万兵力的需求。2003 年的伊拉克战争，美军对带宽的需求达到 4200Mbit。尽管作战人员大约只有以前的 1/4，但带宽的使用量实际上却增加了 40 倍[154]278。在当今时代颠覆性技术群体的迅猛发展和有力推动下，人类交互手段将发生颠覆性改变。在战场"云网络"支撑下，指挥人员之间、指挥人员与部队之间、部队与部队之间，均可利用物联网、移动互联、区块链、量子信息等技术实现高效便捷、动态可视、安全可靠的信息交互，满足人类文字、语音、图片、视频等多样化交互需求，从而实现对战场态势的实时感知、战斗任务的一致理解和战斗行动的精确调控。

对于"人机交互"，随着计算机技术的迅速发展，人机交互手段经历了鼠标键盘、触摸屏、体感交互设备、眼动仪、自然语言、脑机接口等。人向计算机传递的信息种类越来越丰富，从简单的输入和输出控制命令，逐步拓展为人的思维、情绪和情感的表达。计算机对人的理解程度，也从人的显式表达逐步拓展为对人的隐式表达的理解。人的显式表达，也就是人通过行为、语言和表情等外在看得见的方式表现出来的意图，能够被计算机日益准确地感知。人的隐式表达，也就是大脑的思考和信息处理过程，正在通过神经科学方法被计算机逐步认知。随着人工智能、神经科学、脑科学等多学科的融合创新和"瓶颈"突破，计算机对人的理解将越来越深入，不仅"能说会道"，还会"察言观色"。

未来人机交互技术的发展，将主要在以下三个方面实现突破：第一，计算机能够更加智能快速地捕捉人的语音、姿态、手势、面部表情等信息，准确了解人的意图，并及时做出合适恰当的反应，提高人机交互的自然性、便捷性和高效性，使人机交互像人人交互一样自然、简单和方便。第二，借助虚拟现实（VR）、增强现实（AR）和混合现实（MR）技术，摆脱人机交互"界面"的限制，提升人机交互的"维度"，交互过程中即使在产生不精确输入的情况下，计算机依然能够智能捕捉到人的意图，并进行快速处理和反馈，实现人机交互技术从单通道交互向多通道交互、从二维交互向三维交互、从精确交互向非精确交互的转变[62]55。第三，研发非侵入性的便携式脑神经接口，能够同时读取和写入大脑的多个位置，在无须手术的情况下实现大脑和机器之间的高水平通信。脑机接口技术具有时空分辨率高和延迟时间短的优点，是集成神经记录（读出）和神经刺激（写入）的双向接口技术，能够通过意念控制实现人机交互。

对于"机机交互"，移动通信组网技术的发展为其提供了技术支撑。为确保不同无人平台协作过程中协同信息的按需、快速、安全交互，在构建信息网络时，应满足如下需求：在组网方式上，应具有动态性和鲁棒性；在组网过程上，应具有快速性和简便性；在网络结构上，应具有分布性和灵活性。基于上述需求，移动 Ad Hoc 网络得到迅速发展并投入实际运用。美军在其联合作战 2020 规划中，就将 Ad Hoc 网络技术作为其网络关键支撑技术。Ad Hoc 网络是由一组带有无线收发装置的移动终端组成的一个多跳临时性自治系统。由于移动终端具有路由功能，可通过无线连接构成任意的网络拓扑结构，因而能够在没有固定基站的区域进行通信。Ad Hoc 网络既可以独立工作，也可以与蜂窝无线网络或其他网络连接。

作为一种特殊无线网络，Ad Hoc 网络具有如下优势[168]227-228：一是自组织性。Ad Hoc 网络的建立和运行不受时间、地点和网络设施的约束，是自组织、自生成和自管理的。网络中各节点遵守自组织原则，自动探测网络拓扑信息，自动选择路由，自动进行控制。二是多跳性。Ad Hoc 网络通过节点分组转发实现多跳组网和大范围的网络通信，进而有效降低无线传输设备的设计难度和成本。三是动态性。在 Ad Hoc 网络出现动态变化或个别节点受损的情况下，仍然能够快速调整重组以保持通信能力。四是分布性。Ad Hoc 网络不需要基站、接入访问点等中心控制节点，网络中的节点功能和地位相互平等，分布式控制方式使得网络具有较强的鲁棒性和抗毁性。但是，Ad Hoc 网络也存在诸多不足，主要表现在：信道资源的有限性、链路的单向性、节点能源的局限性、较差的安全性等[168]228。针对上述问题，下一步将重点发展下列 Ad Hoc 网络关键技术：网络化和寻址技术、信道接入技术、路由技术、网络与信息安全技术、服务质量保证技术、功率控制与管理技术、网络管理技术、传输层技术等[168]235-238。

近年来，移动互联技术的发展为无人平台之间的信息交互提供了可弥补 Ad Hoc 网络缺陷的新的通信组网方法和途径。据国内媒体公开报道，2020 年 6 月，由我国自主研制的首款全复合材料多用途无人机——"翼龙" Ⅰ 通用平台，在"无人机应急通信保障演练"中化身空中"移动基站"，圆满完成了搭载无线通信基站设备的首次系列测试。这次测试在西北某机场进行，由国内多个单位共同合作实施。"翼龙" Ⅰ 通用平台在海拔 3000～5000m 高度，以半径 3000m 持续盘旋，成功实现超过 $50km^2$ 范围内，长时稳定的连续移动信号覆盖，创下了国内空中基站对地覆盖最大面积的新纪录。本次测试的成功，标志着"翼龙" Ⅰ 通用平台具备了搭载基站设备和卫星通信设备实现应急通信和通信中继的功能，从而实现空天地一体化应急通信保障。据测试，单个无人机可保持长达 35h 通信，能够有效解决复杂条件下的陌生地域通信组网问题。随着 5G 技术的迅速兴起和广泛部署，利用无人机平台搭载基站设备进行组网，将为无人系统遂行作战任务提供有力的通信保证，不仅能够实现机器与环境之间、机器与人类之间的安全可靠交互，而且能够实现机器与机器之间的快速畅通交互。

3．交互的表现形式

从人人交互、人机交互和机机交互的方式看，人与人之间可利用多种方式或技术手段，实现文字、语音、图片、视频等多样化交互；机器与机器之间可通过自组织网络实现动态交互。从表现形式上看，需要重点关注的是人机交互。

一是基于视觉的人机交互。主要通过面部表情分析、身体运动跟踪、手势识别、目光检测等方式实现人机交互。在 2015 年底的世界计算机视觉挑战赛中，微软亚洲研究院利用深达 152 层的深层残差网络获得了图像检测、分类和定位 3 项冠军，其中在图像分类上的错误率仅为 3.57%，超越了人眼识别错误率约 5.1%的水平[61]56-57。下一步，主要是提升机器视觉捕捉的快速性、识别的准确性和反馈的时效性。

二是基于音频的人机交互。主要通过语音识别、说话人识别、听觉情感分析、人为噪声/登录检测等方式实现人机交互。目前，从技术层面看，语音识别的准确度已经接近人类水平，在一些评测标准上已经达到甚至超越了人类水平。2016 年 10 月，微软人工智能研究团队利用卷积和长短时记忆神经网络技术研发的语音识别系统实现了 5.9%的词错率，创造了当时行业标准下的语音识别词错率最低纪录[61]57。下一步，机器听觉需要着力解决声源定位、声源追踪、非配合式语音交互等问题。

三是基于传感器的人机交互。主要通过鼠标和键盘、操作杆、笔式传感器、触控屏（单点触控、多点触控）、运动跟踪传感器和数字转换器、压力传感器、多觉（触觉、嗅觉、味觉等）传感器、可穿戴设备等方式实现人机交互。2016 年 7 月，美国亚利桑那州立大学研发了一个有 128 个电极、能够记录脑电活动的可穿戴设备，操作员通过该设备向无人机传递信息，搭建了人与无人机之间的控制接口[61]58。2017 年 8 月，在世界机器人大会上美国斯坦福大学展示了一个通过操纵杆控制机器人移动的触觉反馈设备[62]51。下一步，主要是提升传感器的稳定性和灵敏度、可穿戴设备的简便性和贴合度，以及解决脑机交互中的信号衰减、散射和屏蔽等问题。

四是基于混合现实的人机交互。主要通过在现实场景呈现虚拟场景信息，在现实世界、虚拟世界、用户之间构建一个交互反馈的信息回路，从而增强用户体验的真实感。据美国陆军官员披露，美国陆军计划利用增强现实技术开发新型单兵头盔显示器，以辅助士兵更好地瞄准和导航[63]89。该新型头盔能够在士兵的视野范围内叠加战术网络的实际数据、战场地形和障碍物等。下一步，虚拟现实和增强现实技术将向混合现实技术发展，不断提高人机交互效率。

五是基于多模态的人机交互。主要通过两个或者两个以上输入模式与机器进行交互。例如，基于视觉和听觉融合的人机交互。在某些情况下，不同输入模式的组合可显著提高人机交互的精准性。例如，将人的嘴唇运动（视觉）、语音（音频）和手势（视觉）进行融合，可以提高识别准确率，进而更好地判断人的真实意图[169]。随着人机交互技术的发展，未来机器要能够与人类、环境进行准确可靠交互，具备像人类一样的视觉、听觉、触觉、嗅觉和味觉。

6.2.3 集群的技术动因——有人系统向无人系统演进

战争史表明，集群行动是一种行之有效的作战方式。历史上，地面坦克集群、空中战机集群、水面舰艇集群、水下潜艇集群等均创造了辉煌战绩。比如，第二次世界大战期间，德军坦克集群实施的闪击战术和潜艇集群实施的狼群战术，均使盟军遭受了重大损失。一项对亚历山大大帝时期以来所有著名的战争进行研究的结果显示，使用"集群"方式作战的一方，赢得了61%的战争[154]317。随着群体智能的创新突破和自主无人系统的发展运用，"集群"将再次焕发生机、充满活力，驰骋未来智能化时代战场。

1. 集群的技术支撑

自主集群概念最早源于 20 世纪 50 年代生物学研究。法国动物学家Grassé 根据白蚁筑巢行为，首次提出了共识自主性概念[170]2。这是自主集群概念开始进入人类视野并逐步发展的开端。随后，人们受蜜蜂、大雁、蚂蚁等群居性生物的集体行为启发，开始深入细致观察和模拟仿真研究，形成了一系列群体智能成果。作为人工智能的一个重要分支，群体智能自 20 世纪

90 年代以来得到飞速发展。代表性的研究成果包括：基于鸟群捕食行为的粒子群优化算法，基于蚂蚁觅食过程中发现路径行为的蚁群优化算法，基于蜜蜂觅食过程中角色和行为特征的人工蜂群算法，基于生物群居生活的信息分享特性、觅食策略和扫描机制的群搜索优化算法[171]23。群体智能最早主要被应用于设计优化算法，经过不断探索逐渐发展成为两个分支，即群体智能优化算法、分布式群体智能系统。

　　由于生物群体的群集行为特点与无人集群自主控制的要求有着高度的契合之处，因而通过模拟蜂群、雁群、蚁群、狼群等生物群体的智能行为，可以构建具有平台简单、高度协调、自主交互、群体智能特点的无人集群系统。生物群集和无人集群存在着许多相似性，它们之间的映射关系如表 6.4 所列[170]21。

表6.4　生物群集和无人集群的映射关系

特　　　点	生　物　群　集	无　人　集　群
组织结构的分布式	不存在中心节点，各自通过与邻近同伴进行信息交互	随着技术发展，各无人平台可以在没有指挥控制站的条件下进行自主决策
行为主体的简单性	个体能力、遵循的行为规则比较简单	价格低廉，能够携带部分传感器或载荷
作用模式的灵活性	对环境变化具有较强的适应性，能够躲避捕食者	在信息不完整、环境不确定的条件下，应对动态调整的任务和随时出现的突发或意外情况
系统整体的智能性	组成的群体有较高的效率，智能涌现	规模效应使得作战能力倍增，战场生存能力提高

　　与传统集群相比，基于群体智能的无人集群具有如下优势：一是结构优势。无人集群通常采取"去中心化"结构，所有个体地位平等，不存在某一个体处于主导地位的情况，当部分个体发生故障或被摧毁时，虽然个体战斗力受损甚至丧失，但是从整个无人集群来看，其编组、队形和结构仍然保持相对完整性，经过动态自主优化调整后能够执行后续作战任务。二是群智优势。在无人集群中，除了个体具备自主能力，整个集群形成多平台自组织分布式系统，将具有局部感知能力的单一平台对象凝聚成为具有任务规划、动

态重组、容错控制、碰撞检测、自主规避等复杂功能的智能群体系统，通过平台之间的协调合作来实现无人集群的全局智能行为。三是数量优势。随着群体智能的发展，无人集群个体的数量规模将发生质的飞跃，"数量"将再次成为决定战场胜负的重要因素。无人集群的数量优势，将为处于传统技术劣势的国家利用"非对称作战"方式战胜占据传统技术优势的对手提供条件。四是成本优势。单个无人系统的成本往往较低，在执行作战任务时，防御方应对由大量无人系统组成的集群需要耗费数十倍甚至上百倍不等的成本来进行防御，这将为进攻方带来显著的效费比。显而易见，用一枚"爱国者"导弹来拦截一架小型无人机的代价是非常高昂的。

正是由于群体智能促使无人集群优势涌现以及由此带来的战术颠覆性变革，群体智能将作为无人集群的核心支撑技术予以重点发展。根据近年来世界主要国家发布的人工智能发展战略、无人系统路线图以及开展的无人集群试验项目，可以看出，群体智能技术已实现突破发展并得到初步应用。在国外，美军典型的无人集群系统研究项目包括"小精灵"（Gremlins）项目、"拒止环境中的协同作战"（CODE）项目、"体系综合集成及实验"（SoSITE）项目、"低成本无人机集群技术"（LOCUST）项目、"集群使能攻击战术"（OFFSET）项目等[170]8。在国内，国务院印发的《新一代人工智能发展规划》将群体智能和自主无人系统列为 2030 年前重点发展的人工智能技术，其中 21 次提到了"群体智能"，11 次提到了"自主无人系统"[9]。

未来群体智能将重点发展如下关键技术[170]362-365。

一是生物群体智能理论与方法。近年来，国内外的科研人员借助实证数据分析，取得了群体智能理论与方法的突破性进展，但是对生物群集自组织行为的内在机理和作用机制尚未完全清楚，依然存在一些问题有待破解。在群体智能模型构建上，充分考虑生物视觉感知、状态记忆和拓扑交互等更加实际的因素对群集特性的影响，提高模型的实用性；在外部刺激的反应机制上，关注生物群集在受到外部刺激后的快速、准确反应，深入研究群集的无尺度关联特性；在个体间的局部交互机制上，充分考虑和深入分析局部交互规则对宏观群集的影响，研究邻居个体的选择方式、个体运动和决策的交互规则、信息共享的通信方式和内容等；在生物群体的相变临界性分析上，深入研究生物群体系统的动力学特征，进一步掌握生物群体相态转变的规律，为将生物群体智能映射到无人集群提供理论参考。

二是集群协同态势感知与信息共享。主要包括协同障碍感知，协同目标探测、识别和融合，协同态势理解和信息共享等技术。在上述技术支撑下，利用集群的数量优势，在多个无人系统上可搭载不同的传感器，通过协同交互和共享获取更大范围、更高精度和更加准确的信息。随着认知科学、神经计算、生理学等学科的创新发展，生物视觉感知机制、计算机视觉处理方法和深度学习框架将有机结合，有力提升复杂战场条件下集群协同态势感知与信息共享能力。

三是集群自主编队机动与防撞控制。主要涉及两个方面的技术：第一，编队生成和保持技术，包括基于时空和通信拓扑的构型优化，不同队形的动态切换，队形保持不变条件下的编队集中与分散；第二，编队构型动态调整和重构技术，包括遇到障碍物时编队分离与重新聚合，编队成员数量变化时的队形调整，作战任务调整、敌情威胁改变、战场环境变化等突发或意外情况下的编队重构[172]。在上述技术支撑下，无人集群在执行作战任务过程中，将能够自主形成并保持一定的机动构型，以适应无人系统性能、战场环境变化、作战任务调整等动态需求。

四是集群智能协同决策。主要包括敌情威胁判断、目标优先权排序、任务分配调度与冲突消解、机动路径规划、任务动态调整和重规划等技术。在上述技术支撑下，无人集群将能够在高对抗和不确定的战场环境中，有效应对作战任务调整、压制或打击目标改变、敌情威胁和战场环境变化、集群部分成员故障或损伤等战场突发或意外情况，在集群协同态势感知与信息共享基础上，实现集群智能协同决策与容错协同控制，以提升作战任务完成率和集群生存能力。

五是有人/无人集群协同。从当前技术成熟度和未来发展趋势看，有人/无人集群协同将是主要作战模式。人类智能与人工智能的深度融合是实现高效协同的最佳方式，人机混合增强智能将是未来着力发展的技术重点。混合增强智能理论，主要包括人机智能共生的行为增强与脑机协同、复杂环境下的情境理解与人机群组协同、机器直觉推理与因果模型、记忆与知识演化方法、云机器人协同计算方法、复杂数据和任务的混合增强智能学习方法。混合增强智能新架构和新技术，主要包括混合增强智能核心技术与认知计算框架、平行管理与控制的混合增强智能框架、智能计算前移的新型传感器件、人机协同的感知与执行一体化模型。在上述理论和技术支撑下，将实现学习与思考接近甚至超过人类智能水平的混合增强智能，构建人机群组混合增强智能系统和自主适应环境的混合增强智能系统。

除了上述群体智能技术之外，不断优化升级和迭代更新的增材制造、新能源、新材料等技术，将进一步提升无人集群潜能，有利于充分发挥其数量、成本等独特优势。

增材制造技术可满足无人集群数量需求。增材制造，俗称"3D 打印"，集新材料、光学、高能束、计算机软件、控制等技术于一体，是近年来全球先进制造领域兴起的一项先进制造技术。该技术改变了传统的加工模式，依据三维 CAD 设计数据，采用液体、粉末、丝、片等离散材料逐层累加制造实体零件。工作过程分为数据处理和叠层制作两个阶段。按照工艺分类，增材制造技术包括光固化技术（SLA）、叠层实体制造（LOM）、熔融沉积成形（FDM）、激光选区烧结（SLS）、激光选区熔化（SLM）、激光工程净成形（LENS）、电子束选区熔化（SEBM）、三维喷印（3DP）等[33]2-5。增材制造具有典型的数字化特征，代表了先进制造技术的发展方向。随着工艺、材料和设备的日益成熟，其发展趋势为：快速原型向功能零件制造发展；常规尺度制造向微纳和大型化等多尺度制造拓展；发挥快速性和灵活性优势，开展个性化定制、小批量生产以及产品定型之前的验证性制造，以降低加工成本和周期。在 3D 打印的发展和应用方兴未艾之时，4D 打印也迈上了蹒跚学步之路。4D 打印是以"可编程物质"为打印材料，用 3D 打印的方式打印出三维物体[173]36。该物体能随时间，在预定的环境或者在特定的激励或刺激下，自我变换物体的物理属性或功能。由于 4D 比 3D 多了一个时间维度，打印出来的物体的形状、尺寸和功能等可以随时间自我调整或变化[173]37。例如，打印作战平台和轮式车辆的自我变形轮胎，能随路面、天气、环境或承重、受力等的不同，自动调整或改变贴地面积，增强平台和车辆的运动平稳性和机动性。随着新材料不断发明涌现，计算机辅助设计软件功能日益强大，4D 打印将步入"快车道"。

新能源技术可满足无人集群动力需求。新能源技术将颠覆传统能源生成和运用方式，为无人集群提供高效清洁、保障便捷、续航持久的强大动力。以新能源电池为例，新能源与新材料技术的融合将会掀起电池领域的一场能源革命。长期以来，普通锂离子电池的续航能力有限，且充电时间较长。而在传统锂电池的电极材料中添加石墨烯后的新型石墨烯基锂电池，具有充电速度快、容量大、寿命长等突出优势，将实现充电时间由"小时"级向"分钟"级的突破性转变[174]。石墨烯基锂电池快速充电的原理，源自锂离子在石墨烯表面和电极之间的快速大量穿梭。石墨烯具备优异的电子传导性能和独具一格的二维单原子结构，可在电极间为锂离子规划出最优移动路径，从而大幅提升锂离子电池的充放电速度。据统计，通过掺入石墨烯，可使电子的运动速度达到光速的 1/300，远远超过电子在一般导体中的运动速度[174]。这样不仅带来了高效迁移，更减少了能量损耗，可有效改善传统电池充电时间长、动力不足等问题。

新材料技术可满足无人集群成本需求。材料是人类制造工具的物质基础，是推动人类社会发展和进步的重要力量。在新一轮产业结构升级和科技创新的发展要求下，材料技术已成为现代工业和高新技术产业实现创新驱动发展的共性基础技术。在加强先进基础材料和关键战略材料技术优化基础上，加大 3D/4D 打印材料、超导材料、智能仿生材料、超材料、石墨烯材料等前沿新型材料技术创新力度，将是新材料技术的未来发展方向。以 4D 打印材料为例，能以编程方式变换物理属性的智能复合材料将是重点突破的方向。比如，在电场激励下尺寸或形状都可发生变化的柔性复合材料、具有形状记忆效应的记忆复合材料、浸水发生形变的亲水性复合材料等。以石墨烯材料为例，由于石墨烯具有优异的电学、光学、化学、力学和热学特性，而且是迄今为止最薄、最坚硬的材料，因而在柔性电子、复合材料、光子器件、能量存储、太赫兹通信、传感等领域的应用前景十分广阔[106]253。例如，石墨烯具备低表面电阻和高透光率，利用石墨烯制备导电膜将为发展柔性器件提供新方法；由于电子在石墨烯电路中的运行速度远远高于硅，因而有可能取代硅而成为未来开发高频电子器件的理想材料；石墨烯极高的载流子迁移率、宽光谱吸收特性，使其成为制备太赫兹器件的重要材料，实现太赫兹波的产生、调制和探测，从而用于 5G/6G、物联网等领域；石墨烯超大的比表面积，优异的电学和光学性能，使其成为制造高灵敏度传感器的理想材料。

2. 集群的发展动向

近年来，无人系统在试验场上的频繁亮相和在战场上的广泛应用已成为不争的事实。随着群体智能技术的发展，由无人系统组成的"集群"的智能化程度将越来越高，功能将越来越强大，地位作用将越来越重要。从集群的力量构成看，将由"人机结合、以人为主"的人机混合集群向"自主交互、以机为主"的自主无人集群转变。

对于人机混合集群，由于人没有脱离"回路"，仍然采取"以人为主"的控制模式，这种运用模式在实战中得到了检验。在伊拉克战争中，美国陆军成立了一支奥丁（Odin）特遣队，配备了"空中勇士"无人机——陆军版的"捕食者"无人机。一个目标打击组由 1 架"空中勇士"无人机、一个100 人的情报分析小组、若干架阿帕奇攻击直升机组成。这样的一个奥丁小组，仅在 2006 年一年内，就发现和击毙 2400 多名制造或安放炸弹的叛乱分子，抓捕 141 人[154]305-306。在近年来的叙利亚战争中，俄军在地面人员指挥控制下，利用空中和地面无人系统打击"IS"恐怖分子，取得了极大作战效益。

对于自主无人集群，由于人已经基本或完全脱离"回路"，对于无人系统的自主能力提出了极大挑战。2015 年，美国海军利用 50 架固定翼无人机成功实现集群自主飞行。2016 年 10 月，美军利用 3 架 F/A-18"超级大黄蜂"战斗机释放了 103 架"灰山鹑"小型无人机，演示和验证了自适应编队、集群决策和自修复等飞行任务[170]12。据国内媒体公开报道，2016 年 11 月，中国电子科技集团成功开展 67 架固定翼无人机集群飞行试验，并首次采用集群自主控制和无中心自主网络等技术；2017 年 6 月，中国电子科技集团成功开展 119 架固定翼无人机集群飞行试验，演示了密级弹射起飞、空中自主集结、多目标智能分组、编队自主合围、集群自主行动等动作；2018 年 5 月，中国电子科技集团成功开展 200 架固定翼无人机集群飞行试验，再次刷新此前保持的 119 架固定翼无人机集群飞行的世界纪录。通过上述事例可以看出，基于群体智能的无人机集群已经显现出了巨大的数量优势和广阔的应用前景。但是，从技术层面看，无论是外军还是我军，单个无人机的自主能力都十分有限，目前只是验证了无人机群体智能技术。

随着人机混合集群向自主无人集群的转变，在群体智能和动态组网技术支撑下，未来集群将呈现平台多样化、功能自主化、节点极小化、数量规模化、成本低廉化等特点，从而加速推进自主无人集群的发展完善和作战运用。

3．集群的表现形式

从集群的功能结构看，无论是人机混合集群还是自主无人集群，均可分为同构集群、异构集群。根据作战任务需要，可灵活选择不同的集群编配模式。

同构集群是由功能结构相同的系统平台组成的集群。通常由单类的系统平台根据任务需求编配组成。例如，由相同种类型号和性能的无人机组成的集群，由相同种类型号和性能的无人坦克组成的集群。2016 年美军飞行试验的 103 架"灰山鹑"小型无人机集群，以及 2016 年至 2018 年中国电子科技集团飞行试验的 67 架、119 架、200 架固定翼无人机集群，都属于同构集群。同构集群的优点：便于组织管理和指挥控制，便于作战任务规划，便于动态调整重组，便于维修和补给保障。缺点：集群功能相对单一，难以满足多样化作战任务需要。

　　需要说明的是，执行任务的单个系统平台可看成是同构集群的特例。毕竟，在以往群体智能不完善的情况下，单个系统平台在战争中也发挥了重要作用。以无人机为例，无人机投入战场使用至今，以单飞单控为主的应用模式在实战中锋芒显露。在伊拉克战争中，美军仅使用 1 架"全球鹰"无人机，就提供了摧毁 13 个地空导弹连、50 座"萨姆"地空导弹发射台和 300 辆坦克的情报[168]216。

　　异构集群是由功能结构不同的系统平台组成的集群。通常由单类或多类的系统平台根据任务需求编配组成，分为单类异构集群、多类异构集群。例如，由不同种类型号或性能的无人机组成的集群，由不同种类型号或性能的无人坦克组成的集群，都属于单类异构集群；由有人/无人系统组成的集群，由无人机、无人坦克等不同种类的系统平台组成的集群，都属于多类异构集群。在叙利亚战争中，俄军为打击"IS"恐怖分子而编配的空中无人机和地面战斗机器人系统，属于多类异构集群。异构集群的优点：集群功能多样，鲁棒性、适应性和抗毁性较强，能够较好满足多样化作战任务需要。缺点：集群中的系统平台数量多、种类型号杂、性能各异，面临集群网络构建、组织管理、指挥控制、任务分配、调整重组、综合保障等诸多挑战。

第 7 章

颠覆性技术驱动下战术体系内的要素变革

战术是由战斗部署、战斗指挥、战斗协同、战斗行动的方法，以及各种保障方法措施等要素构成的一个完整体系。在宏观考察颠覆性技术涌现背景下战术变革的总体趋向基础上，本章将根据战术的基本概念和内容要素，在微观上重点探究颠覆性技术驱动下战斗部署方法、战斗指挥模式、战斗协同方式、战斗行动方法和战斗保障模式的深刻变革。

7.1 战斗部署方法变革

战斗部署是指挥员对战斗力量的任务区分、兵力编组和配置做出的安排。在颠覆性技术驱动下，战斗部署方法将发生颠覆性变革，向智能集群式柔性编组、智联广域化离散配置、智配动态式任务区分的方向发展。

7.1.1　智能集群式柔性编组

战斗编组是为遂行作战任务，对战斗编成内的力量进行的临时组合。通常按群、队、组编组。传统条件下作战，受敌情、我情、战场环境等因素影响，特别是受军事技术条件限制，战斗编组的集成性、动态性、灵活性难以满足作战任务需要。随着颠覆性技术的突破发展和创新应用，战斗编组将实现由临时配属式固定建制到任务牵引式柔性编组的转变。

机械化时代的战斗编组，通常以某一战斗部（分）队为主体，临时配属一些必要的兵种部（分）队和保障部（分）队，使其具有侦察、机动、打击、防护和保障等多种能力[175]。比如，进攻战斗编组，通常以具有突击能力的步兵、装甲兵为主体，临时配属部分反坦克炮兵、工程兵、通信兵、防化兵、电子对抗兵等部（分）队，构成进攻战斗的主要攻击力量。在这种编组形式中，由于各部（分）队在机动、通联、指控和行动方式等方面的差异，虽然形式上"捆绑"在了一起，但是受军事技术条件等因素限制，存在如下两个方面的突出问题：一方面，战斗编组临时配属组合，各部（分）队彼此之间的关系相对松散，难以形成浑然一体的战斗群体；另一方面，当出现战场突发情况而需要临机调整作战任务时，战斗编组难以在短时间内进行动态快速调整。

信息化时代的战斗编组，"捆绑式"临时配属的编组形式并未发生实质性改变。随着网络信息技术的发展和信息系统功能的完善，与机械化时代相比，战斗编组的集成性、动态性和灵活性得到显著提高，主要表现在：充分发挥信息系统的联通、融合和共享优势，实现多维立体空间不同战斗编组的有机组合，形成互联互通、一体联动、协调有序的战斗编组；在网络信息技术驱动下，开始逐渐摒弃固定建制的临时配属式编组模式，一些国家军队尝试建设模块化部队，以实现更加灵敏多能、快速机动、精干高效的战斗编组。例如，美国陆军着眼部队建设发展和作战任务需求，从 2003 年开始推进模块化转型，着力打造未来步兵旅和"斯特赖克"旅两种模块化步兵旅战斗队。其中，采用模块化结构设计的"斯特赖克"旅，能够按需进行拆分和组合，既可以作为一个整体，像"积木"一样"插入"海军、空军等其他军种的作战序列，其下属单元也可以被方便地"拔出"，然后"插入"其他部队使用，这有力提高了模块化战斗编组的反应能力、部署能力和生存能力等。

未来 5～15 年的信息化智能化迭代期，人工智能、移动互联、物联网等颠覆性技术的突破发展和创新应用，将真正打破临时配属式固定建制编组模式，实现"群体智能、模块集成、动态组合、灵活调整"的智能集群式柔性编组模式。第一，战斗编组实现群体智能。在颠覆性技术驱动下，未来战场上的战斗主体将由基于群体智能的人机混合集群和自主无人集群组成。无论是人机混合集群还是自主无人集群，从功能结构看，既可以是同构集群，也可以是异构集群。群体智能将有力提升战斗编组的自主性，加快人脱离"回路"的步伐。第二，战斗编组实现模块集成。由于智能集群在底层技术上具有同一性，因而为动态模块化编组提供了便利条件和有力支撑。具有不同结构、功能和任务的集群，无论是同构集群，还是异构集群，均可实现战斗编组积木式的便捷"入群"和"退群"。第三，战斗编组实现动态组合。指挥主体可以根据敌情威胁性质与大小、我方战斗力量增减、战场环境条件变化等因素，灵活编配相关集群力量，实现任务集群"按需组合"和"量身打造"。第四，战斗编组实现灵活调整。在泛在智联"云网络"支撑下，基于实时交互共享的战场态势信息，根据集群战斗能力与执行任务的匹配度分析结果，快速调整集群力量编组结构与规模，实现集群能力与任务的智能匹配。

7.1.2　智联广域化离散配置

配置是作战时根据任务、敌情和地形，将兵力、兵器布置在适当位置的活动。传统条件下作战，受力量编成、指挥工具和指控能力等限制，各战斗力量主要采取集中静态配置方式。随着作战节奏加快和战场趋于透明化，这种集中静态的配置方式已难以适应未来作战要求。在颠覆性技术驱动下，战斗力量配置将实现泛在智联网络支撑下的广域化离散配置。

在机械化时代，由于遂行战斗任务的军兵种数量相对较少，部队机动和通信能力不强，指挥主体指控能力有限，因而战斗力量配置主要采取预先占领阵地的相对集中的静态平面配置。比如，在进攻战斗中，通常将前沿攻击梯队、纵深攻击梯队、合成预备队等，由前至后梯次式预先隐蔽占领进攻出发阵地，做好各项冲击准备；在防御战斗中，预先构筑前沿防守阵地、纵深防守阵地、后方防卫阵地等，由各防守梯队逐次占领，形成前重后轻的静态平面配置方式。这种配置方式，不仅难以应对战场突发情况，而且存在战场生存能力较弱、力量布局不完善、动态调整难度大等诸多问题。

在信息化时代，随着以网络信息技术为代表的军事技术的飞速发展和广泛应用，指挥信息系统功能日益完善，部队侦察情报、指挥控制、远程机动、火力打击等能力取得长足发展，战场态势更加透明，指挥控制更加便捷，部队机动更加快速，火力打击更加精确。这就促使战斗力量配置逐步向离散、动态、立体的方向发展。具体来说，在野战地域网、战术互联网、移动通信网等支撑下，战斗力量可实现物理空间的离散配置和虚拟空间的同步联动；改变预先占领阵地的传统做法，根据战场态势的实时变化情况，各战斗力量在待机地域做好战斗准备工作基础上，临机采取多种机动方式快速直达指定位置；打破传统平面静态配置方式，变一维平面配置为多维立体布局，变静态等待式配置为动态待机式配置。需要说明的是，动态立体布局并不排斥部分兵力、兵器的静态配置。虽然在网络信息技术的驱动下，战斗力量配置方式发生了显著变化，但是由于技术条件限制，通信带宽、通信时延、流量密度等关键指标仍难以满足信息化战场离散、动态、立体配置下的快速组网、广域连接、按需共享的通信交互需求，在很大程度上影响了战斗效能发挥。

未来，颠覆性技术的突破发展和创新应用将有效解决机械化时代和信息化时代战斗力量配置面临的"瓶颈"问题，实现智联广域化离散配置。首先，泛在智联支撑。人工智能、物联网、移动互联、量子通信等颠覆性技术的快速发展与深度融合，将实现超大容量、极低时延、超高密度、泛在云联、安全可靠的智能化通信网络,其具有传统通信网络不可比拟的"泛在智联"优势,在结构上纵横交叉、在空间上广域分布、在功能上智能交互,网络的节点抗毁性和动态重组性大大增强,可有效支撑战斗力量广域化离散配置的通信需求。其次,异地安全交互。具有去中心化、不可篡改、全程留痕、可以追溯等特点的区块链技术,采用全新的分布式基础架构与计算范式,可有效解决广域化离散配置时战斗力量之间交互信息的验证、存储、更新、传输、访问和操作等一系列数据运用的安全性问题;基于量子特性的广域分布量子通信网络可提供安全可靠的信息传输服务,为异地安全交互保驾护航。最后,实时掌握动态。对于陆军部队而言,地面和空中自主无人系统的机动能力显著提升,可在较短时间内基于任务需求实现战场大范围机动;无人机、巡飞弹等智能自主武器可在预定空域长时间巡航机动,通过预先配置实现侦察、压制、干扰、打击等战斗目的。为有效掌控无人系统实时动态,需要以智能化指挥工具为依托。智能化指挥工具的智能推理分析研判、脑机融合筹划决策、人机交互控制协调等功能,将极大提升指挥主体的指挥控制能力,使得指挥主体能够实时掌握分散配置在广阔地域内的各战斗力量动态情况。

7.1.3 智配动态式任务区分

任务区分是根据作战决心对所属部队作战任务进行的划分,包括明确作战区域、作战目标及完成作战任务的要求、时限等。传统条件下作战,战斗编组在任务区分上通常采取预先分配的方法,任务内容相对单一固定。由于作战节奏不断加快和战场态势瞬息万变,这种任务区分方法已难以适应未来作战要求。在颠覆性技术驱动下,任务区分将实现由单一固定的预先分配向多元变换的智配动态地转变。

在机械化时代,受武器装备性能、远程机动能力、信息通联能力和综合保障能力等因素限制,各战斗编组的任务区分存在两大弊端:其一,战斗编组采取预先占领阵地的相对集中的静态平面配置方式,被预先分配的任务内容相对单一固定，难以适应多种战斗任务的需要；其二，战斗过程中如遇突发或紧急情况，在战斗任务需要临时改变时难以进行动态转换和准备。这种预先分配的任务区分方法，虽然是由当时的条件决定的，但是已在一定程度上影响和阻碍了战斗任务的高效完成和战斗效能的充分发挥。

在信息化时代，随着网络信息技术的飞速发展和部队战斗能力的加速提升，战斗编组的集成性、动态性和灵活性得到显著提高，战斗力量配置趋于离散、动态和立体。在战斗编组和配置改变的推动下，由于参战力量多元、战场空间多维、战斗行动多样，以及空地一体的立体机动能力增强和敌我双方战场态势的复杂多变，促使战斗部署中的任务区分逐步向临机赋予、多元变换的方向发展。具体来说，在区分战斗任务时，一方面，预想多个可能的任务方案，战斗实施过程中根据敌方的具体情况和战场客观实际，依托网络信息系统临机赋予各战斗群（队、组）具体的战斗任务；另一方面，由于同一个战斗群（队、组）在战斗实施过程中可能不断变换战斗任务，这就要求提前筹划变换战斗任务时的具体方案，并做好无预案情况下的临机应变准备。虽然这一时期能够凭借网络信息系统实现战斗任务的临机赋予，但是由于战斗编组模块化程度还不够高、网络信息体系功能还不够强、机动中的综合保障还不够及时等原因，有些情况下战斗任务转换的时间仍较长，容易给敌人以可乘之机，从而使我军陷入被动的不利境地。

未来 5～15 年的信息化智能化迭代期，在颠覆性技术驱动下，将实现智能集群式柔性编组和智联广域化离散配置。在战斗编组和配置颠覆性变革的推动下，在战斗体系泛在智联化、战斗力量自主无人化、战斗编组集成模块化的促进下，将实现智配动态式任务区分。第一，基于任务优化调整编组。指挥主体基于战场"云网络"实时感知态势信息，在分析战斗任务的基础上，利用智能化指挥工具对战斗编组数量和规模进行优化调整。第二，基于算法智能映射匹配。在智能匹配算法的支撑下，利用人工智能、大数据、云计算等技术快速分析各战斗编组能力指数，智能比对战斗任务需求清单，实现战斗编组与战斗任务的智能映射匹配。第三，基于云端分配战斗任务。指挥主体依托战场"云网络"，充分发挥移动互联的高速率、大容量、低延时优势，向智联广域化离散配置的各战斗编组明确和下达战斗任务。第四，基于态势临机调整任务。战斗实施过程中，根据动态变化的战场态势，既可以在战斗编组保持不变的情况下智能自适应调整战斗任务，也可以在智能动态组合战斗编组的情况下继续执行原来的战斗任务或者智能匹配新的战斗任务。

7.2　战斗指挥模式变革

在颠覆性技术驱动下，随着机械化、信息化向智能化方向演进，无人系统的自主能力不断提升，未来智能化时代的战斗指挥可分为初级阶段、中级阶段、高级阶段下的三种模式，也就是"人在回路中"的人工遥控式指挥、"人在回路上"的人机共融式指挥、"人在回路外"的智能自主式指挥。目前，从技术层面看，人工遥控式指挥已基本实现，人机共融式指挥已部分实现，智能自主式指挥已实现突破。未来 5~15 年的信息化智能化迭代期，将按照人逐渐脱离"回路"的方向发展，完全实现人工遥控式指挥，基本实现人机共融式指挥，部分实现智能自主式指挥。

7.2.1　人工遥控式指挥

"人在回路中"的人工遥控式指挥，是在无人系统自主能力十分有限情况下的初级阶段指挥模式。主要标志是单个无人系统开始走上战场，能够代替人类执行部分战斗任务。这一指挥模式强调人对无人系统的全程主导和干预，作为指挥客体的无人系统每执行一项任务，都需要指挥主体发出指令，否则无人系统便会暂停行动而"原地不动"，直至收到指挥主体发出的指令后才继续按令行动。

在人工遥控式指挥模式下，从力量结构看，人与机器之间主要是单纯的"协作"关系，战斗力量仍然以有人编组为主，机器只是起到辅助作用；从任务分工看，人与机器有相对明确的分工，机器主要执行一些简单、枯燥、危险、纵深等任务，其他任务则由人或通过人机协作来完成；从指挥活动看，以人为主的指挥主体主要负责向机器明确具体任务和下达执行指令，机器在指挥主体的遥控式指引下具有一定的目标感知、识别和打击等自主能力。

目前，世界上许多国家都研制和列装了遥控式无人系统，并在实战中得到检验和运用。例如，美国陆军装备的 RQ-7A "影子" 200 战术无人机系统，包括便携式地面控制站、遥控视频终端、数据终端等设备，可执行近实时、高精度、长时间的侦察监视、目标捕捉和毁伤评估等任务；俄罗斯在叙利亚战场上使用的 "平台-M" 履带式作战平台，指挥人员可以通过便携式操控台对其进行远距离操作，执行情报侦察、火力支援和作战保障等任务；以色列研制的 "守护者" 无人车，包括固定式、移动式和便携式三种遥控指挥控制系统，在指挥人员的远程控制下，利用搭载的传感设备、通信设备、轻型武器等装备，可以执行侦察、监视和巡逻等任务。

以人工智能技术为代表的颠覆性技术群体涌现和迅猛发展，将为指挥主体、指挥客体、指挥工具、指挥信息等指挥要素注入智能因子，在促使指挥要素产生颠覆性改变的同时，引发战斗指挥模式深刻变革，从而实现人工遥控式指挥向人机共融式指挥、智能自主式指挥的转变。

7.2.2　人机共融式指挥

随着人工智能技术的发展，人与机器之间将不再是单纯的 "协作" 关系，而是 "人机共融" 关系。也就是说，人与机器在同一自然空间里能够自然交互、紧密配合，相互感知、相互理解、相互帮助，通过互相促进、取长补短，实现两者均在超越自身局限性条件下的高效作业。

"人在回路上" 的人机共融式指挥，是在无人系统具有 "半自主" 能力情况下的中级阶段指挥模式。主要标志是自主无人集群在战场上得到较多运用，能够以群体协作的形式与有人集群共同执行任务。这一指挥模式强调人的监督作用。无人系统已经具备一定的自主感知、决策和行动能力，指挥主体可实时监督无人系统的行为并在必要时进行干预。

从技术层面看,"人在回路上"的人机共融式指挥,是介于"人在回路中"的人工遥控式指挥和"人在回路外"的智能自主式指挥之间的指挥模式。在这一指挥模式下,从力量结构上看,战斗编组方式将以人与机器的混合编组为主;从任务分工上看,人脑与机器各有优势,人脑的优势在于创造想象、个性灵活、能动适应,机器的优势在于快速高效、敏捷精确、持久稳定[176],人与机器的合理分工和优势互补将显著提高指挥效率;从指挥活动上看,随着人工智能技术的发展,指挥人员的大脑与无人系统的电脑将实现深度融合,在战场"云网络"支撑下,指挥主体将利用智能化指挥信息系统实现人机共融式指挥,从而极大提升指挥效能。

特别是颠覆性技术将促使分析研判、筹划决策、控制协调等关键指挥活动发生深刻改变:一是智能推理式分析研判。在人工智能、大数据、云计算等颠覆性技术支撑下,在人机一体深度融合推动下,将实现基于目标特征的智能海量提取、基于关联规则的智能比对印证、基于逻辑推理的智能融合整编,从而达到快速判、精确判、准确判的目的。二是脑机融合式筹划决策。指挥主体由单一的"人"向"人机一体"的颠覆性改变,以及深度学习、脑机交互技术的突破发展和智能化指挥信息系统的作战运用,将促进人脑和机器优势特长的最大限度发挥,实现人机联动、智能规划、高效并行的筹划决策。三是人机交互式控制协调。在泛在智联的指挥体系支撑下,人机交互技术将使得指挥主体对无人系统的控制协调更加简单、自然和便捷,物联网、移动互联和量子通信等技术将使得指挥主体对无人系统的控制协调更加快速、高效和安全,从而实现智能化、实时化、无缝化的控制协调。

7.2.3　智能自主式指挥

在颠覆性技术驱动下,人与机器之间的关系将由"人机协作""人机共融"向"智能自主"方向发展。无人系统将具备完全自主能力,可以在没有人的干预下独立自主地完成各种战斗任务,从而在真正意义上实现人类脱离

"回路"的目标。

　　"人在回路外"的智能自主式指挥，是在无人系统具有"全自主"能力情况下的高级阶段指挥模式。主要标志是自主无人集群在战场上得到广泛运用，能够以群体协作的形式独立执行任务。这一指挥模式强调人的"不干预"。无人系统已经具备完全的自主感知能力、自主决策能力和自主行动能力。一旦无人系统被指挥主体启动，便不再与指挥主体进行信息反馈而独立执行任务。智能自主式指挥模式的突出特点是"前台无人、后台有人"，也就是说，虽然人已经脱离"回路"，但是指挥主体能够在"后台"实施全景式的可视化指挥。

　　在智能自主式指挥模式下，从力量结构上看，拥有完全自主能力的无人集群将成为主导性战斗力量，战斗编组方式将由人与机器的混合编组向机器与机器的集群编组转变；从任务分工上看，无人系统在一线进行自主冲锋，指挥主体在后台实施全程监管，人与机器的分工更加明确；从指挥活动上看，无人集群具备自主感知、自主决策、自主行动和自主评估的能力，能够实现基于观察、判断、决策、行动"OODA"环的智能自主指挥，并且通过战斗对抗过程中的自主学习不断提升自主能力。

　　智能自主式指挥模式的优点是显而易见的，也就是"人在回路外"实施后台式指挥。至于需不需要进行人工干预控制，主要取决于人的主观判断和当时的战场状况。这就给无人系统执行任务带来了一定的安全隐患。在大数据、云计算等颠覆性技术支撑下，虽然无人系统通过自主学习能够获得足够多的"战谱"，但是战争"迷雾"始终存在，战场不确定性因素无法一一列举和提前应对。这就可能导致无人系统在突发或意外情况下的"无所适从"，甚至造成难以想象的后果。1999 年 4 月 17 日，美军在科索沃的一次空袭行动中，两架 F-15E 战斗机受命攻击塞尔维亚的一台移动式预警雷达。战斗机携带的空地导弹，可由武器系统操作员远距离发射，导弹头部的红外传感器可以自主搜索目标。当导弹接近疑似目标位置后，武器系统操作员突然发现先前的情报有误，通过紧急调整目标指示位置将导弹引向偏离预定攻击目标几百米之外的一片空地。事后查明，预定攻击目标不是塞方雷达，而是一个东正教教堂[177]363。武器系统操作员的紧急处置，避免了一次误伤事件。2007 年 10 月 12 日，美国陆军第 10 防空团在南非举行的"瑟博卡"年度军事演习中，由于 MK5 自动防空系统出现故障而造成火炮失控。"人们无处可躲。'不讲道理'的火炮开始疯狂开火，每分钟发射高爆炮弹 550 发，像一把高压水龙头一样四处乱射。"负责该系统的军官试图关闭火炮的自动发射装置，但是由于被计算机系统接管而导致关闭失效，只能等火炮自动装弹机内的高爆炮弹全部打完。这次意外事件共造成美军 9 名官兵死亡，14 人重伤[154]270-271。美军的教训启示我们，即使"人在回路外"，也必须拥有决断权和控制权。也就是说，即使无人系统具备了全自主能力，如果没有备份的紧急处置措施或为无人系统配备应急控制"按钮"，那么一旦出现意外或失控将造成难以估量的后果。

除战争"迷雾"和战场不确定性因素之外，还有一个重要因素需要考虑，那就是无人系统支撑软件的安全性和健壮性。随着无人系统智能化、自主化能力提升，必然需要大量智能算法的底层支持和软件系统的嵌入安装。软件的代码越多，检测错误或漏洞就越困难。研究表明，软件行业的平均错误率为 1.5%～5%，即平均每 1000 行代码有 15～50 个错误。在某些情况下，严格的内部测试和评估能够将错误率降到 0.01%～1.15%[177]174。如果这些错漏不被及时检测发现和彻底清理排除，那么在战场上极有可能导致灾难性事故发生。

正是由于智能自主式指挥模式存在安全性和风险性，一些专家学者提出无人系统有可能带来法律、道德和伦理等问题，呼吁"各国必须共同合作，确定战争中的哪些领域应用自主武器是合适的，哪些领域不行，哪些地方需要将人类判断让渡给机器"。[177]406 2015 年 7 月，一封得到约 2 万人签名的公开信呼吁禁止研发自主武器。签名者是人工智能领域的专家和其他关注人工智能发展的人，其中包括著名物理学家斯蒂芬·霍金、苹果公司联合创始人史蒂夫·沃兹尼亚克。他们在公开信中写道："今天人类面临的主要问题，是启动全球性的人工智能军备竞赛，还是防止人工智能军备竞赛的发生。如果主要军事大国致力于开发人工智能武器系统，全球性的军备竞赛将不可避免。"[177]372 有专家学者提出了军备控制框架下对自主武器进行限制的四种不同解决方案，即禁止使用完全自主武器、禁止以人为目标的自主武器、为自主武器建立"行为准则"、创建保持人类判断在战争中作用的通用原则[177]396-400。军备控制的历史表明，军备控制条约能否成功主要取决于三个因素：一是对武器使用可怕后果的认知；二是对军事价值的认知；三是致力于使军控条约生效的参与者的合作[177]373。在人工智能技术的强力驱动下，在无人系统能够使人类"远离战场"和实现"零伤亡"的巨大诱惑下，在无人系统潜在的军事价值影响下，笔者认为，针对无人系统的军备控制条约签订乃至兑现的可能性微乎其微，无人系统加速发展和应用的趋势将不可阻挡。

解决智能自主式指挥模式存在的安全性和风险性问题，最根本的途径就是采取技术手段。为确保智能自主式指挥模式安全可控，在设计论证无人系统时，应重点考虑以下三个问题。一是如何实现功能。从系统整体设计出发，将紧急情况下如何进行人工干预控制这一功能考虑在内，并通过方便快捷的形式展现出来。二是如何明晰清单。根据无人系统功能和任务，充分论证在哪些情况下需要采取人工干预控制措施，并以清单形式直观呈现出来，以便实践操作。三是如何切换模式。针对作战实际情况，统筹考虑人工遥控式、人机共融式和智能自主式三种指挥模式的使用时机和场合，并能够实现三种模式的快捷切换。特别是在运用智能自主式指挥模式时，一旦出现人工干预控制的紧急情况，要能够及时切换进入人工遥控式或人机共融式指挥模式。也就是说，人工遥控式指挥和人机共融式指挥应该作为智能自主式指挥的应急备份指挥模式。

在人工遥控式指挥、人机共融式指挥向智能自主式指挥模式加速转变的趋势下，随着颠覆性技术的创新突破和人类加快脱离"回路"，探索建立安全可控的智能自主式指挥模式[159]，既是无人系统运用的前提条件，也是在发生不可预测情况下战斗指挥的保底要求。

7.3　战斗协同方式变革

战斗协同是各种作战力量共同遂行战斗任务时，按照统一计划在行动上进行的协调配合。目的是确保各种战斗力量协调一致地行动，发挥整体作战效能。战术发展史表明，战斗协同组织主体经历了由指挥员个体亲自组织，到指挥员个体与谋士共同组织，再到指挥员及其指挥机关依托信息系统组织的演变过程；战斗协同对象经历了由单一兵种内兵器队（弓箭手队、长矛队、短剑队等）的协同到多元兵种间的协同，再到诸军兵种间的协同，体现了由单一到多元、由低级到高级、由简单到复杂的演变特点。从协同方式和协同对象组成结构上看，本质上是人与人之间的协同。颠覆性技术将带来协同对象组成结构的颠覆性改变，使得无人系统成为协同对象的新元素。由此将引发战斗协同方式的颠覆性变革，促使"人人协同"向"人机协同""机机协同"转变。其中，"人机协同"主要表现为辅助操控式协同、交互伴随式协同；"机机协同"主要表现为无人自主式协同。

7.3.1　辅助操控式协同

辅助操控式协同是各种人机混合作战力量共同遂行战斗任务时，以人在"后台"操作控制方式在行动上进行的协调配合，是颠覆性技术驱动下战斗协同的初级阶段表现形式。之所以称之为"初级阶段"，主要原因在于：从技术层面看，认知智能技术仍不完善，无人系统的自主能力还十分有限，必须以"人在回路中"方式对无人系统全程操作控制才能顺利完成任务；从地位作用层面看，当前执行战斗任务的主体仍然是人而不是机器，无人系统主要在特定条件下代替人类执行部分战斗任务，以有效降低人类自身伤亡的风险。

在组织实施辅助操控式协同时，指挥主体可以依据预先制订的协同计划组织实施，也可以针对突发或意外情况临时组织实施；在特定条件下，由各人机混合作战力量依据协同规则自行协商组织实施。对于无人系统的被操控方式，后台操作员既可以在物理空间以面对面集中的方式进行协商操作控制，也可以在虚拟空间以网络集中的方式进行协商操作控制。各作战力量的操作员围绕统一的战斗目的，基于共享的实时战场态势和战场"云网络"，共同确定协同关键事项，及时消解协同矛盾冲突，操控前台的无人系统协同完成侦察、破障、伴动、打击等任务。2015 年 12 月，俄军在叙利亚战场上就采用辅助操控式协同方式，由操作员操控不同类型的战斗机器人、自行火炮、无人机等不同空间平台的无人系统协同攻占 754.6 高地，以极小的伤亡代价高效完成了战斗任务。

影响辅助操控式协同效能的因素主要包括：一是操作员的操控技能水平和战术素养。作为前台无人系统的后台"大脑"，操作员的操控技能水平和战术素养对协同效能发挥至关重要。随着战场无人系统种类和数量的日益增长，对操作员的操控技能水平和战术素养将提出更高要求，无人系统操作员将成为未来着力培养的新型专业化人才。二是无人系统的综合性能。无人系统是前台执行任务的主体，其具备的自主能力、机动能力、续航能力、抗干扰能力，以及耐温、抗湿、防震等战场环境适应能力，将是无人系统持续高效完成战斗任务的重要保证。三是战场态势更新周期。实时动态更新的战场态势图是确保协同主体和协同对象行动同步的重要支撑。情报侦察、信息传输和融合整编等技术的发展将促使战场态势更新周期越来越短。四是战场通信网络性能。随着物联网、移动互联、区块链等技术的突破发展和深度融合，将极大提升协同通信的时效性、安全性和可靠性，实现操作员之间、操作员与无人系统之间快速畅通地交流与互动。五是协同主体与协同对象之间的配合程度。协同主体与协同对象之间的配合程度，取决于协同主体与协同对象对战斗目的的共同认知、对协同规则的共同理解、对战斗行动的精准掌控、对相互之间无人系统性能的精确通晓等。

辅助操控式协同的主要优点为：第一，从装备性能方面看，对无人系统自主能力要求不高，后台操作员掌握必备的操控技能后，在协同主体与协同对象的默契配合下，无人系统就能代替人类执行一些战斗任务。第二，从组织实施方面看，关键在于协同主体与协同对象的操作员之间的协调配合，从而大大减轻指挥主体负担。第三，从保障条件方面看，内容相对较少，主要是保证协同主体与协同对象的操作员之间能够基于实时动态更新的态势图同步行动，以及操作员与无人系统之间的安全可靠通联。主要缺点为：在战斗协同过程中，协同主体与协同对象各自所属的无人系统依赖后台操作员的操控，这种"人在回路中"的协同方式，一方面，受操作员的操控技能熟练程度、精神和心理状态、所处战场环境等因素影响较大；另一方面，在操作员受伤或死亡的情况下，如果没有及时被接替，则将导致无人系统失控，从而极大降低协同效能。

7.3.2 交互伴随式协同

交互伴随式协同是各种人机混合作战力量共同遂行战斗任务时，以人机智能交互方式在行动上进行的协调配合，是颠覆性技术驱动下战斗协同的中级阶段表现形式。之所以称之为"中级阶段"，主要原因在于：从技术层面看，认知智能技术和语音识别、混合现实、脑机接口等人机交互关键技术将得到长足发展，能够驱动无人系统自主能力的显著提升，无人系统操作员可以"人在回路上"方式对无人系统实施干预控制；从地位作用层面看，人将逐渐脱离"回路"和退居幕后，无人系统在执行战斗任务中的主体地位作用将逐渐凸显。

在组织实施交互伴随式协同时，由于无人系统具备一定的自主能力，无论是计划协同、临机协同，还是自主协同，在被预先授权或接收执行指令后，都能够在人机实时交互下协同完成战斗任务。具体来说，基于战场"云网络"，无人系统既可以自主获取情报信息并与其他战斗单元共享，也可以从相关战斗单元接收情报信息；基于人机交互技术，协同主体和协同对象的无人系统在操作员的实时监督或干预控制下，围绕统一的战斗目的，共同确定协同关键事项，及时消解协同矛盾冲突；无人系统与无人系统之间、无人系统与有人系统之间协调配合、一体联动，合力高效完成各项战斗任务。需要说明的是，无人系统在执行任务过程中，如果偏离协同计划或目标，则需要操作员及时实施干预控制。特别是在无人系统自主学习能力不强的情况下，如遇突发或紧急情况，更需要操作员在第一时间进行调控。从世界范围内颠覆性技术发展现状和实践应用看，目前交互伴随式协同仍处于理论研究和试验论证阶段，美国、俄罗斯等国家已开始探索实战化的交互伴随式协同训练。

影响交互伴随式协同效能的因素，除前面阐述的操作员的战术素养、无人系统的综合性能、战场态势更新周期、战场通信网络性能、协同主体与协同对象之间的配合程度等因素之外，还应特别关注以下因素：一是无人系统的自主学习能力。在人机交互过程中，无人系统基于机器学习技术快速学习和掌握协同行动中的新情况、新变化、新问题，不仅对于提高协同效能至关重要，而且有助于提升无人系统自主能力，加快人脱离"回路"的步伐。二是人机交互理解的一致性。在人机交互过程中，人的语音、姿态、手势、面部表情等非精确交互信息需要无人系统精确感知和准确认知，否则就会产生人机之间对交互信息的非一致性理解，进而导致协同失调甚至产生难以估量的严重后果。三是操作员纠正偏差的时效性。虽然无人系统具备一定的自主能力，但是在出现协同失调的情况下，操作员必须在第一时间与无人系统交互，加紧实施干预和纠偏，从而确保协同行动稳定、有序开展。

交互伴随式协同的主要优点为：一是协同手段更加多样。在交互伴随式协同过程中，除协同主体和协同对象的无人系统之间自主交互外，操作员还可通过脑机接口，以及语音、姿态、手势、面部表情等手段，与无人系统进行在线互动交流，使得人机交互协同手段更加多样化。二是协同交互更加便捷。人机交互技术的突破发展和广泛应用，促使有人系统与无人系统在协同过程中的交互能够像人与人之间的交互一样自然、简单和方便，极大提升协同交互的便捷性。三是协同效率更加高效。利用人机交互技术，协同主体和协同对象的无人系统能够快速精确捕捉人的意图，思人之所想、做人之所言，实现多通道交互、三维交互和非精确交互，有力提高协同效率。主要缺点为：人仍没有脱离"回路"，协同时效性和稳定性在一定程度上会受人的因素影响。

7.3.3　无人自主式协同

无人自主式协同是各种无人作战力量共同遂行战斗任务时，以无人系统自主交互方式在行动上进行的协调配合，是颠覆性技术驱动下战斗协同的高级阶段表现形式。之所以称之为"高级阶段"，主要原因在于：从技术层面看，认知智能、群体智能、物联网、移动互联、新能源、新材料等颠覆性技术将趋于完善，能够驱动无人系统具备较强的自主能力，无人系统操作员可以"人在回路外"方式对无人系统实施干预控制；从地位作用层面看，人将完全脱离"回路"和退居幕后，无人系统在执行战斗任务中的主体地位作用将真正显现。

无人自主式协同在组织实施时，通常基于 Ad Hoc 网络、物联网、移动互联等技术构建空天地一体化协同通信网，由具备高度自主能力的无人系统组成无人作战集群，以多个集群自主协同方式共同执行战斗任务。首先，感知协同需求。根据作战任务需求，指挥控制站（中心）组建同构或异构无人集群，并明确协同关系和协同规则。其次，确定协同事项。基于实时动态更新的战场态势图，无人集群之间和无人集群内部共享态势信息；基于集群任务分配模型和算法，自主区分和调整战斗任务。最后，同步协调行动。依托空天地一体化协同通信网，多个无人集群基于共享态势信息自主协同执行战斗任务，既可以根据战场态势变化、战斗任务调整、集群出现战损等情况实施自主动态重构，也可以向指挥控制站（中心）提出新的协同需求。在上述协同过程中，指挥控制站（中心）主要担负计划、协调和监控任务，处于行动"回路"外。从国内外颠覆性技术发展和应用前景看，无人集群作战是当前和今后一个时期竞相开展研究的热点问题。在国外，美军"小精灵""拒止环境中的协同作战""体系综合集成及实验""低成本无人机集群技术""集群使能攻击战术"等，都属于典型的无人集群系统研究项目。在国内，北京航空航天大学、国防科技大学、中国电子科学研究院等单位围绕多无人机系统的协同感知与态势共享、航路规划与重规划、自主编队飞行与重构、智能协同决策等关键技术进行了理论研究和实验论证，取得了多项创新性研究成果[170]12。

影响无人自主式协同效能的因素，除前面阐述的单个无人系统的综合性能、战场态势更新周期、战场通信网络性能、操作员纠正偏差的时效性等因素之外，还应特别关注以下因素：一是无人作战集群的自主性。多个无人系统组成的无人作战集群的自主能力，是人脱离"回路"的前提条件，也是提升集群自主协同效能的关键因素。二是自主协同规则的完备性。协同规则是实现无人集群自主协同的重要保证。在无人自主式协同过程中，如果协同规则不健全而出现漏洞，那么将可能出现无人系统"无所适从"的情况，从而导致因协同失调而降低协同效能的局面。三是动态调整重构的时效性。未来智能化时代，战场态势瞬息万变，"以快打慢"已成为重要的制胜机理。在战场态势变化、战斗任务调整、集群出现战损等情况下，均需要对无人集群实施动态调整重构，其时效性将在很大程度上决定无人集群自主协同行动的成败。

无人自主式协同的主要优点为：一是协同时效性较强。在无人自主式协同过程中，多个同构或异构无人集群能够基于共享态势信息和协同规则实施自主协同，在基本不需要或完全不需要人的干预控制下即可协同完成战斗任务，极大增强协同时效性。二是协同安全性较高。一方面，无人集群自主协同作战，在复杂战场条件下可实现零伤亡、低代价、小风险；另一方面，在群体智能、物联网、移动互联、区块链等颠覆性技术支撑下，无人集群之间和无人集群内部的交互信息被篡改或被干扰的可能性较低，因而协同安全性较高。三是协同稳定性较好。多个无人集群之间的协同行动，即使在协同失调或被破坏的情况下，也能够自主动态重构和恢复，必要时也可在指挥控制站（中心）调控下快速恢复，以较好的协同稳定性助推战斗任务高效完成。主要缺点为：人已经基本或完全脱离"回路"，受战场不确定因素影响，有可能因无人集群存在的缺陷或故障而造成在突发或紧急情况下的协同失调，这时人的干预控制将会降低协同的时效性。

7.4　战斗行动方法变革

在颠覆性技术驱动下，基于泛在智联"云网络"，感知、机动、攻击和防卫等战斗行动方法将发生颠覆性变革，向人机混合集群行动、无人集群自主行动的方向发展，主要表现为全域泛在感知、跨域远程机动、智能集群攻击、联动自主防卫。

7.4.1　全域泛在感知

全域泛在感知是基于泛在智联"云网络"，以人机混合集群编组、无人自主集群编组的方式实时采集、传输、处理和分发战场情报信息的活动。战场感知是战斗行动的"起点"，并贯穿始终。在机械化时代，战场感知主要靠人力完成，获取速度慢、处理时效低、更新周期长、信息共享难。在信息化时代，随着网络信息技术飞速发展和信息系统广泛运用，战场感知的覆盖率、时效性、精确度等显著提升，但由于信息系统辅助支持功能有限，战场感知仍然以人为主体。未来 5～15 年的信息化智能化迭代期，人工智能、大数据、云计算等颠覆性技术的突破发展和创新运用，将催生一系列的智能无人感知系统和平台，不仅促使战场感知主体由"人"向"机器"的颠覆性转变，而且实现战场感知全域无缝覆盖。

随着颠覆性技术快速发展和人逐渐脱离"回路"，在组织实施全域泛在感知时，需要把握以下主要环节。

一是智能自主全域采集。陆军部队运用临近空间无人侦察飞行器、远程自主侦察无人机，借助运载平台（火炮、火箭炮等）发射的无人侦察感知系统（无人机、巡飞弹等）、母机空中抛洒的小型无人侦察机、地面无人侦察车等自主可控的感知装备系统进行战场侦察监视，并有效引接战略预警、卫星侦察、谍报侦察、技术侦察、联合海情、联合空情等多源信息，实现战场情报信息采集的智能自主和全域多维。

二是智能自主快速传输。依托以物联网技术为基础架构的泛在智联战场"云网络",充分发挥 5G、6G 移动互联技术高速度、大容量、低时延优势,既可以将不同系统和平台实时采集的文字、图片、声音、视频等战场情报信息自主快速传输至相应的信息融合处理要素或后台指挥人员,也可以将融合处理后的战场情报信息自主快速分发至相关情报用户。

三是智能自主融合处理。基于智能化指挥信息系统,在大数据计算引擎支撑下,利用大数据智能深度挖掘、大数据智能关联分析、大数据智能价值提取、大数据智能融合整编等技术,对大数量、广来源、多样式的战场情报信息进行智能自主融合处理,为快速生成和动态更新战场综合态势图提供信息支持。

四是智能自主按需分发。按需分发的主要依据是情报用户的需求,与用户相关的情报信息发送给用户,无关的情报信息则不发送给用户。在组织筹划阶段,为防止无关情报信息对指挥主体的干扰,智能化指挥信息系统在生成战场综合态势图的基础上,向指挥主体智能推送关键情报信息需求,以便指挥主体精确分析判断情况和快速下定战斗决心;在作战实施阶段,既可以根据各战斗编组担负的任务,由智能化指挥信息系统分层次、分方向、分类别自主分发情报信息,也可以由各战斗编组以自主查询、自主订购等方式获取所需情报信息,通过智能自主"推拉结合"实现按需分发共享。

7.4.2 跨域远程机动

跨域远程机动是为达成一定战斗目的,以人机混合集群编组、无人自主集群编组的方式,自主或借力跨领域、远距离机动至预定位置并快速调整为相应状态的战斗行动。在机械化时代,徒步机动、摩托化机动、机械化机动是陆军部队的主要机动方式。在信息化时代,随着机动技术快速发展和作战空间不断扩大,平面梯队式逐次机动为主的行动方法,逐步向立体直达式快速机动为主的行动方法演变。未来 5~15 年的信息化智能化迭代期,无人系统的作战运用和作战空间的进一步拓展，将促使跨域远程机动成为陆军部队遂行使命任务的重要行动样式。"域"，从狭义概念上讲，主要表现为陆、海、空、天、网、电等物理域；从广义概念上讲，涉及物理域、信息域、认知域、社会域四个域。2019 年版的美国《陆军现代化战略》鲜明提出陆军要向多域战部队全面转型。美陆军认为，陆军作为联合部队的一部分，将在未来战场上跨越陆、海、空、天、赛博等多个领域与对手作战，在人工智能技术驱动下应提升无人系统跨域机动能力。

在组织实施跨域远程机动时，主要的机动样式包括：

一是自主式机动。可从人机混合集群机动、无人集群自主机动两个方面组织实施。对于人机混合集群机动，在人的干预控制下，以后台遥控、人机交互等方式对无人系统机动进行精准掌控，并实时动态调整和纠正偏差，从而通过人机协调配合高效完成机动任务。对于无人集群自主机动，由无人坦克、无人战车、无人机等无人系统组成同构或异构的无人集群，基于群体智能技术将实现自主规划路径、自主编队控制、自主规避障碍、自主调整重构。

二是发射式机动。随着人工智能、无人系统制造、新能源等技术的快速发展，针对无人系统续航能力和机动距离限制，可利用火炮/火箭炮的火药燃气能量将小型无人系统以身管发射的方式远程投送至相关任务区域，然后自主展开行动。以无人机技术和弹药技术相结合的巡飞弹药为例，美军已开始发展"快看""拉姆"等多种平台携带的巡飞弹药。

三是抛洒式机动。随着有人机、无人机、无人飞艇等有人/无人运载工具的快速发展和作战运用，可借助运载工具的远程机动能力将无人系统投送至相关任务区域，然后基于任务需求自主编队控制和动态调整重构。目前，美军在发展"小精灵""郊狼""灰山鹑"等智能无人蜂群作战系统的同时，已展开远程投送的实战化实验论证。2016 年 10 月，美军利用 3 架 F/A-18"超级大黄蜂"战斗机释放了 103 架"灰山鹑"小型无人机，成功演示了利用有人机空中抛洒小型无人系统的新型机动样式。

7.4.3 智能集群攻击

智能集群攻击是在泛在智联"云网络"支撑下,根据战场敌情态势,以人机混合集群编组、无人自主集群编组的方式主动打击敌方的战斗行动。在机械化时代,攻击行动主要由人以及人操控武器装备完成,攻击方式主要采取近距离接触式,攻击范围十分有限。在信息化时代,虽然信息系统和信息化武器装备得到广泛运用,但是攻击行动仍然以人为主体;信息化战场空间拓展促使攻击范围立体多维化,采取正面攻击、翼侧攻击、迂回攻击、超越攻击、垂直攻击和立体攻击等多种方式。未来 5~15 年的信息化智能化迭代期,在全域泛在感知、跨域远程机动等行动支撑下,攻击主体将由有人集群向无人集群转变,攻击方式将由接触式向非接触式转变,攻击范围将由有限局部向多维全域转变。

在组织实施智能集群攻击时,主要的攻击方式包括:

一是人机混合集群协同式攻击。由人和无人系统组成的人机混合集群,在人的主导下制定攻击行动方案,明确人和无人系统之间的任务区分;在人的干预控制下,以后台遥控、人机交互等方式对无人系统攻击行动进行精准掌控,并根据战场实时态势动态调整战斗部署,从而通过人机协调配合高效完成攻击任务。俄军在叙利亚战场上利用遥控式无人系统打击"IS",就是人机混合集群协同式攻击的典型战例。

二是自主无人集群点穴式攻击。由若干个无人系统组成的小规模自主无人集群,根据战斗任务需求,对敌指挥所、指挥员、炮兵阵地、通信枢纽、弹药库、油库等重要目标实施精确、隐蔽点穴式攻击。未来智能化战场,以往人在后台操控下的定点清除行动,比如美军利用无人机击毙"基地"组织重要领导成员穆罕默德·阿提夫、伊朗革命卫队"圣城旅"指挥官卡西姆·苏莱曼尼等攻击行动,均可由小规模自主无人集群采取点穴式攻击方式来完成,从而极大提高攻击的时效性。

三是自主无人集群饱和式攻击。由智能自主、造价低廉、数量巨多的大规模自主无人集群，根据战斗任务需求，对敌数量多、区域广、体积大、价值高等类型的目标实施高密度、多波次的连续攻击，使得被攻击目标超出其防御（拦截）能力而在短时间内处于难以招架的"饱和"状态。随着群体智能的发展，采用"蜂群""狼群""蚁群"等饱和式攻击方式的一方将使对手因应接不暇而迅速崩溃。

四是基于网络空间的智能自主攻击。针对敌方网络信息系统结构和特点，将网络攻击技术与人工智能技术相结合，利用虚拟空间的计算机病毒"集群"，对敌方网络实施连续高强度的自主攻击。基于网络空间的智能自主攻击已成为当前和今后一个时期的研究热点。这一智能自主攻击方式，要求开发出来的网络攻击系统具备自主学习能力，能够自主感知网络环境并自动生成攻击代码和指令，从而实现对敌方网络的攻击。2017 年 10 月，美国斯坦福大学和美国 Infinite 初创公司联合研发了一种基于人工智能处理芯片的自主网络攻击系统[62]11。该系统具备自主学习能力，能够自主学习网络环境并自行生成特定恶意代码，实现对指定网络的攻击、信息窃取等操作。

7.4.4 联动自主防卫

联动自主防卫是在泛在智联"云网络"支撑下，根据战场敌情威胁，通过"侦、控、防"的一体联动，以人机混合集群编组、无人自主集群编组的方式抗敌攻击，确保己方作战力量安全的战斗行动。在机械化时代，对区域或目标的防卫行动主要由人以及人操控武器装备完成，不仅防卫的距离和范围十分有限，而且担负防卫任务的战斗力量之间的协同比较困难。在信息化时代，信息系统和信息化武器装备的广泛运用，不仅极大拓展了防卫空间范围，而且显著提升了各战斗力量遂行防卫任务时的协同能力。未来 5～15 年的信息化智能化迭代期，在智能集群攻击的挑战和威胁下，防卫主体将由有人集群向无人集群转变，防卫方式将由有形向无形转变，防卫范围将由有限局部向多维全域转变。

联动自主防卫在组织实施时，主要的防卫方式包括：

一是基于人机结合的联动自主防卫。由人和无人系统组成的人机混合集群，在人的干预控制下，以后台遥控、人机交互等方式对无人系统防卫行动进行精准掌控，并根据战场实时态势动态调整战斗部署，通过人机结合的侦察预警、判断决策和防卫反击的高效实施和一体联动，达成防卫战斗行动目的。

二是基于无人集群的联动自主防卫。由无人系统组成的自主无人集群，在防卫区域内按照预先规划的机动路径进行多维实时自主侦察，当感知敌方组织实施攻击和渗透行动时，依托战场"云网络"和集群智能算法，自主分析判断、自主做出决策、自主展开反击，通过一体联动的自主防卫行动，确保自身和防卫目标安全。

三是基于网络空间的联动自主防卫。针对敌方基于网络空间的智能自主攻击行动，结合我方网络信息系统结构和特点，将网络防护技术与人工智能技术相结合，自主嗅探和实时监控网络运行状态，利用智能网络防护算法，自主监控跟踪和及时锁定异常攻击源，自主做出应对和反制措施，确保我方网络信息系统安全可靠运行。目前，已针对基于网络空间的联动自主防卫展开了研究。例如，2017年11月，美军组织开发了人工智能驱动的网络免疫系统技术[62]11。该技术通过组合使用分层防火墙，以及能探测、隔离恶意网络入侵并从中恢复的人工智能系统，大幅增强网络信息系统的防护能力。

四是基于新机理武器的联动自主防卫。针对敌方人机混合集群协同式攻击、自主无人集群点穴式攻击、自主无人集群饱和式攻击等智能集群攻击行动，可运用新型动能武器、激光武器、微波武器等新机理武器，自主侦察预警、自主分析判断、自主拦截打击、自主效果评估，通过摧毁破坏来袭导弹或无人系统内部电子元器件而使其丧失作战效能。

7.5　战斗保障模式变革

战斗保障是战术兵团、部队为遂行战斗任务而组织实施的保障，包括战斗作战保障、战斗后勤保障、战斗装备保障等。在机械化时代，战斗保障主要依靠人力完成，战斗保障的内容较少、范围较小、时效较低。在信息化时代，信息系统和信息化武器装备的广泛运用，虽然促使战斗保障的内容增多、范围增大、时效增强，但是战斗保障行动仍然以人为主体，还不能满足信息化战场精确化、可视化、全维化的保障需求。未来 5～15 年的信息化智能化迭代期，在颠覆性技术驱动下，战斗保障模式将发生颠覆性变革，主要表现为可视精准式保障、智达配送式保障、自主伴随式保障、智享融合式保障等。

7.5.1　可视精准式保障

可视精准式保障，是在人工智能、物联网、移动互联等颠覆性技术支撑下，战斗保障力量基于智能化保障体系实施的可视化和精确化的战斗保障行动。这一保障模式主要适用于大范围、长距离、多批量（次）的战斗保障。

传统条件下作战，受技术条件限制，战斗保障行动难以实现可视化和精确化。以 1991 年海湾战争为例，为了遂行约 100 个小时的地面进攻作战行动，美军在中东储备了足够使用 60～100 天的弹药；运到战区的大约 4 万只集装箱，有一半没有用上，价值 27 亿美元的备用物资被运回国内。同时，美军运抵战区的 4 万多个集装箱，由于不"透明"，接收单位不得不把其中的 2.8 万个集装箱一一打开，重新清点和分发，到战争结束时还有 8000 多个集装箱没有打开[178]。由于美军弹药保障的不精确和物资器材保障的不透明，不仅耗费了大量的人力、物力和财力，而且对战斗行动造成了一定影响。美军为吸取教训，战后曾组织专家对此进行研究论证。

随着人工智能、物联网、移动互联等颠覆性技术的突破发展和创新应用，在泛在智联战场"云网络"支撑下，将能够实现战斗保障在需求感知、资源调配和行动控制上的颠覆性变革[179]。首先，保障需求实时感知。在保障需求上，战斗保障力量利用物联网技术实时感知作战保障、后勤保障和装备保障的需求信息，比如网络通联状态、装备损毁状况、物资消耗情况、伤员分布和伤势程度等，并基于智能化指挥信息系统进行分析判断，为保障资源调配和保障行动实施提供依据。其次，保障资源动态可视。在保障资源上，通过在保障物资、保障器材和保障设备上安装的各种无人感知装置，实时获取保障资源的种类、等级、数量等信息，实现保障资源从生产、存储、运输、分发到消耗的全过程动态可视。最后，保障行动精确可控。在保障行动上，战斗保障力量利用智能化指挥信息系统和智能化保障装备，构建物与物、人与物之间实时信息交换和安全可靠通信的人机结合指挥网络，全程实时跟踪保障需求、保障资源和保障力量的动态变化，实现对保障行动的远程可视和精确可控。例如，后方卫勤专家可利用远程智能会诊系统接受前线疑难救助咨询或者直接对前线受伤人员实施网络在线诊断治疗；后方装备技术保障专家可利用远程智能维修系统，分析装备故障原因、确定装备维修方案、指导装备维修行动，还可以利用遥控无人系统直接实施远程装备维修行动。

7.5.2 智达配送式保障

智达配送式保障，是基于智慧物流理论，利用物联网、人工智能、大数据、云计算等颠覆性技术，以无人系统"点对点"直达配送方式进行的战斗保障行动。与可视精准式保障相比，智达配送式保障模式主要适用于小范围、短距离、少批量（次）的战斗保障。

传统条件下作战，以人为主体的战斗保障受敌情和战场环境影响较大，在敌情威胁较大的情况下可能造成人员的较大伤亡，在面临复杂地形、沾染区、火力控制区等区域时人员难以到达，从而在一定程度上影响了战斗保障效能。颠覆性技术的突破发展和无人系统的作战运用，不仅能够有效解决人员伤亡和区域限制问题，而且可以实现保障物资由被动供应配送向主动直达配送的转变。

当前和今后一个时期，具有直达配送能力的小型无人系统将是重点发展的保障装备。据新闻媒体公开报道，2020年9月17日，阿里巴巴发布首款物流机器人"小蛮驴"，该机器人为长2.1m、宽0.9m、高1.2m的四轮无人车，集成了人工智能、大数据、云计算和自动驾驶等多项技术。与传统人力配送车相比，具有"三蛮"的突出特点：一是蛮聪明。这也是"小蛮驴"的优势所在，其大脑应急反应速度是人类的7倍，判别100个以上行人和车辆的行动意图只需0.01s。二是蛮能干。充4°电能跑100km，每天最多能送500个快递，可在雷暴闪电、高温雨雪等恶劣天气条件下工作。三是蛮安全。采取人工智能大脑决策、冗余小脑兜底、异常检测刹车、接触保护刹车、远程防护五重安全设计，确保在智能决策支撑下的安全直达配送。

随着无人系统智能化程度和综合性能的提升，空中无人机、地面无人车、水面无人船等"无人尖兵"均可执行直达配送任务。首先，按需定制下单。各保障对象根据承担的战斗任务，向战斗保障力量提出保障需求，明确各种物资配送的时间、地点、种类和数量等。战斗保障力量借助智能分拣系统，将保障对象所需物资信息和清单推送至承担配送任务的无人系统。其次，直达精确配送。基于物联网和移动互联技术，不同平台的无人系统借助智能调控算法自主分配任务、自主规划路径、自主导航定位，将保障物资以"点对点"方式直达精确配送给保障对象。最后，供需精准对接。在无人系统直达配送过程中，后台保障机构和人员能够全程可视战斗保障行动，既可以精确掌控按计划配送物资的种类、数量和位置等信息，也可以根据战场态势变化情况及时改变物资配送的方向、种类和数量等，实现保障资源与保障需求的精准对接。

7.5.3　自主伴随式保障

自主伴随式保障，是为了有效节省人力和提高保障效能，利用人机交互、增材制造、新能源、新材料等颠覆性技术，以无人系统伴随、就地快速"打印"等方式进行的战斗保障行动。这一保障模式，主要适用于人机混合集群行动时无人系统遂行的近距离随队战斗保障，以及具有就地展开"打印"条件的战斗保障。

传统条件下作战，伴随式保障主要由人或人操纵相关保障设备完成，不仅耗时费力，而且效能较低，难以满足日益增长的战斗保障需求。随着语音、手势、脑机接口等人机交互技术的快速发展，以及智能化无人保障装备的作战运用，在人机混合集群行动时，将能够利用不同平台和功能的无人系统自主执行伴随式战斗保障任务，有效提升战斗保障的及时性和便捷性。例如，美军研发的 Bigdog 四足机器狗，能够负重近 200kg，以每小时约 12km 的速度行走 32km 而不需要添加燃料，可以攀越 35°的斜坡，能够听懂语音指令，在行动中紧随作战或保障人员实施伴随式保障。随着新能源技术的快速发展，无人系统的续航时间和机动能力将大大提高，从而更加有力支撑其执行伴随式战斗保障任务。

增材制造技术（3D 打印、4D 打印）的突破发展，将助力自主伴随式保障[41]。近年来，世界主要军事强国纷纷开展增材制造技术研发和应用，并取得了重大进展。2017 年，美国陆军开发了"3D 打印按需小型无人机系统"。该系统由专门的软件和 3D 打印机组成，可将士兵需求录入无人机的任务规划软件中，在 24 小时内就能完成无人机从设计到制造的整个流程。经测试，由 3D 打印制成的小型无人机，最高飞行速度可达 88km/h[180]116。此外，美国陆军利用 3D 打印技术制造出 40mm 榴弹发射器及其配用的训练弹药，在室内和室外靶场测试中均获得成功[180]115-116。在未来智能化战场上，为提高战斗保障的时效性和精确性，战斗保障力量可以利用 3D 打印、4D 打印等增材制造技术，直接把武器装备的损坏部件打印出来，实施现地快速换件维修；还可以将组成装备的所有部件逐一打印，快速装配成新的武器装备，以替换重度损坏或无法修复的武器装备。

7.5.4 智享融合式保障

智享融合式保障，是在军地一体化体制机制支撑下，按照"不为我所有，但为我所用"的思路[181]，充分挖掘和发挥社会保障资源的作用，依托军地联合"保障云"和军地一体化智能保障平台实施的军民共享、融合一体的战斗保障行动。这一保障模式，适用于全要素、全过程、全领域的战斗保障。

为适应科技发展趋势，不同的国家根据国际环境和本国国情选择了不同的军地一体化发展模式。例如，美国、俄罗斯、日本、以色列分别选择了"军民一体化""先军后民""以民掩军""以军带民"的发展模式[182]。对于战斗保障，要摒弃"各自为政""另起炉灶"的模式，充分发挥颠覆性技术在创新形态上的超越性和替代性、在作用效能上的革命性和破坏性，通过拓广度、强深度、提效度，推进军地一体化保障的良性互动。

在组织实施智享融合式保障中，应重点关注以下三个方面问题：首先，构建智能化综合"保障云"。在论证战斗保障需求基础上，借助地方大数据、云计算和智慧物流平台，构建军地联合、互动双赢的智能化综合"保障云"网络体系，真正打破军地分割界限和利益樊篱，为战斗保障提供可靠条件支撑。其次，基于"保障云"军地联动。依托云存储、云计算、云服务等共享平台，按照平时应急、战时应战、平战一体的建设要求，搞好军地保障系统对接，实现保障信息、保障资源、保障力量、保障行动的智能匹配和一体联动，形成军地协作、交融互促的良好局面。最后，基于智能平台灵活组织。在智能化综合"保障云"支撑下，采取智能共享和需求订制相结合的方式组织实施战斗保障行动。其中，智能共享，就是军地实现基于智能化保障平台的资源共享、技术共享和信息共享；需求订制，就是由战斗保障力量提出满足遂行战斗任务需要的个性化保障需求。美国

IBM 公司的"沃森"超级计算机根据美陆军为其提供的 350 辆"斯特赖克"战车过去 15 年的维修历史记录和相关的 50 亿个传感器提供的海量数据[183]，通过自主学习能够自动标记车辆存在的异常现象和故障位置，并提出合理有效的解决方案，从而通过军地智能共享有力提高战斗保障的及时性、可靠性和安全性。

第 8 章

总结与展望

8.1　本书主要结论

当今时代，颠覆性技术群体涌现，已成为驱动战术变革的强力引擎。颠覆性技术不仅改变人的思想观念、组成结构、指挥工具和交互方式，而且促使武器装备打击能力跃升、自主能力涌现，以及打击能力、防护能力、机动能力、信息能力和自主能力交融聚合。由此，在颠覆性技术驱动下，自主交互集群战术应运而生。按发展阶段，可分为半自主交互集群战术、全自主交互集群战术。其中，感知智能向认知智能迈进是实现自主的技术动因，万物互联向万物智联跃升是实现交互的技术动因，有人系统向无人系统演进是实现集群的技术动因。

目前，从技术层面看，"人在回路中"的"遥控式"集群战术已基本实现，"人在回路上"的半自主交互集群战术已实现突破。未来 5～15 年的信息化智能化迭代期，将完全实现"人在回路中"的"遥控式"集群战术，基本实现"人在回路上"的半自主交互集群战术，部分实现"人在回路外"的全自主交互集群战术。总而言之，将按照人逐渐脱离"回路"的方向发展。

8.2　本书主要创新点

本书以"战术变革"为主线，深入研究颠覆性技术涌现背景下战术"为何变""向哪变""怎么变"等问题，主要创新点包括：

一是从战术变革的角度、以历史的眼光重新审视和归纳梳理了颠覆性技术的广义和狭义内涵，提炼概括了颠覆性技术的主要特征，分析提出了战术变革视野下颠覆性技术的构成要素。其中，颠覆性技术的主要特征包括创新形态的超越性和替代性、作用效能的革命性和破坏性、形成机理的涌现性和群体性、影响效果的时代性和时效性、培育应用的风险性和不确定性、发展演变的渐进性和不平衡性；颠覆性技术是由打击技术、防护技术、机动技术、信息技术共同构成的多技术群融合渗透的技术体系。

二是在对颠覆性技术引发战术变革历史考察的基础上，深入分析和探究了颠覆性技术引发战术变革的内在机理和主要规律。从内在机理上看，颠覆性技术引发战术变革，本质上是颠覆性技术通过改变人和武器装备而引发战术变革。其中，颠覆性技术通过改变人的思想观念、组成结构、指挥工具和交互方式而引发战术变革，颠覆性技术通过促使武器装备打击能力跃升、自主能力涌现和不同能力融合而引发战术变革。颠覆性技术引发战术变革的主要规律包括五个方面：首要因素决定规律，即颠覆性技术是引发战术变革由渐变向突变跃升的首要决定性因素；主战装备主导规律，即颠覆性技术支撑的主战装备形成并在战场上发挥主导作用是实现战术变革的前提条件；变革进程快慢规律，即颠覆性技术发展不平衡是导致战术变革进程不同的主要原因；变革周期长短规律，即颠覆性技术的发展速度决定战术变革的周期长短；变革反馈作用规律，即颠覆性技术发展受战术变革反馈的作用力加大。

三是着眼颠覆性技术的未来发展动向，深入研究颠覆性技术涌现背景下战术变革的总体趋向，从宏观上给未来战术"画像"，提出了自主交互集群战术，并阐述了其基本内涵和技术动因。其中，按发展阶段，自主交互集群战术可分为半自主交互集群战术、全自主交互集群战术；自主交互集群战术的技术动因主要包括：感知智能向认知智能迈进是实现自主的技术动因，万物互联向万物智联跃升是实现交互的技术动因，有人系统向无人系统演进是实现集群的技术动因。

四是根据战术的内容要素，从微观上重点探究了颠覆性技术驱动下战斗部署方法、战斗指挥模式、战斗协同方式、战斗行动方法和战斗保障模式的深刻变革。其中，在战斗部署方法上，主要表现为智能集群式柔性编组、智联广域化离散配置、智配动态式任务区分；在战斗指挥模式上，主要表现为人工遥控式指挥、人机共融式指挥、智能自主式指挥；在战斗协同方式上，主要表现为辅助操控式协同、交互伴随式协同、无人自主式协同；在战斗行动方法上，主要表现为全域泛在感知、跨域远程机动、智能集群攻击、联动自主防卫；在战斗保障模式上，主要表现为可视精准式保障、智达配送式保障、自主伴随式保障、智享融合式保障。

8.3　尚待进一步研究的问题

颠覆性技术引发战术变革是一个前瞻性较强的基础理论研究课题，涉及颠覆性技术与战术变革两个方面研究内容。虽然笔者在导师、学科专家组和其他相关专家指导下取得了一些创新性成果，但是仍有尚待进一步研究的问题。主要表现在：

一是从技术层面看，颠覆性技术是由多个技术组成的"群"，由于专业能力限制和占有资料有限，对个别颠覆性技术发展动向的理解掌握还不够全面和深入。

二是从理论层面看，本书从一般意义上提出了自主交互集群战术及其在战斗部署方法、战斗指挥模式、战斗协同方式、战斗行动方法、战斗保障模式上的发展变革，理论的完备性和适用性有待进一步改进和完善。

三是从应用层面看，本书提出的自主交互集群战术主要从理论上进行了界定和分析，其实用性和操作性还有待进一步验证和评估。

参 考 文 献

[1]　习近平. 决胜全面建成小康社会　夺取新时代中国特色社会主义伟大胜利——在中国共产党第十九次全国代表大会上的报告[R]. 北京：人民出版社，2017.

[2]　中共中央，国务院.国家创新驱动发展战略纲要[R/OL].（2016-05-19）[2021-04-01]. http://www.gov.cn/gongbao/content/2016/content_5076961.htm.

[3]　国务院."十三五"国家科技创新规划[R/OL].（2016-08-08）[2021-04-01]. http://www.gov.cn/zhengce/zhengceku/2016-08/08/content_5098072.htm.

[4]　中共中央马克思恩格斯列宁斯大林著作编译局. 马克思恩格斯文集：第 9 卷[M]. 北京：人民出版社，2009.

[5]　军事科学院. 列宁军事文集[M]. 北京：战士出版社，1981.

[6]　梁志华，岳靖，郭龙佼. 兵家睿语[N]. 解放军报，2019-01-17（7）.

[7]　中华人民共和国国务院新闻办公室. 新时代的中国国防[R]. 人民日报，2019-07-25（17）.

[8]　在新的起点上加快推进陆军转型建设，努力建设一支强大的现代化新型陆军[N]. 解放军报，2016-07-28（1）.

[9]　国务院. 新一代人工智能发展规划[R/OL].（2017-07-20）[2021-04-01]. http://www.gov.cn/zhengce/zhengceku/2017-07/20/content_5211996.htm.

[10]　中共中央关于制定国民经济和社会发展第十四个五年规划和二〇三五年远景目标的建议[N]. 人民日报，2020-11-04（1）.

[11]　国务院. 关于推进物联网有序健康发展的指导意见[R/OL].（2013-02-17）[2021-04-01]. http://www.gov.cn/zhengce/content/2013-02/17/content_3316.htm.

[12]　国务院. 关于促进云计算创新发展培育信息产业新业态的意见[R/OL].（2015-01-

30）[2021-04-01]. http://www.gov.cn/zhengce/content/2015-01/30/content_9440.htm.

[13] 国务院. 中国制造 2025[R/OL].（2015-05-19）[2021-04-01]. http://www.gov.cn/zhengce/zhengceku/2015/05/19/content_9784.htm.

[14] 国务院. 促进大数据发展行动纲要[R/OL].（2015-09-05）[2021-04-01]. http://www.gov.cn/zhengce/zhengceku/2015/09/05/content_10137.htm.

[15] 中华人民共和国国民经济和社会发展第十三个五年规划纲要[N]. 人民日报，2016-03-18（1）.

[16] 中共中央办公厅，国务院办公厅. 国家信息化发展战略纲要[R/OL].（2016-07-27）[2021-04-01]. http://www.gov.cn/gongbao/content/2016/content_5100032.htm.

[17] 国务院.“十三五”国家战略性新兴产业发展规划[R/OL].（2016-12-19）[2021-04-01]. http://www.gov.cn/zhengce/zhengceku/2016/12/19/content_5150090.htm.

[18] 国务院.“十三五”国家信息化规划[R/OL].（2016-12-27）[2021-04-01]. http://www.gov.cn/zhengce/zhengceku/2016/12/27/content_5153411.htm.

[19] 科技部. 国家新一代人工智能开放创新平台建设工作指引[R/OL].（2019-08-01）[2021-04-01]. http://www.gov.cn/zhengce/zhengceku/2019/12/03/content_5457842.htm.

[20] 工业和信息化部办公厅. 关于深入推进移动物联网全面发展的通知[R/OL].（2020-05-08）[2021-04-01]. http://www.gov.cn/zhengce/zhengceku/2020/05/08/content_5509672.htm.

[21] 习近平. 在全国科技创新大会、两院院士大会、中国科协第九次全国代表大会上的讲话[N]. 人民日报，2016-06-01（2）.

[22] 习近平. 在庆祝中国人民解放军建军 90 周年大会上的讲话[N]. 人民日报，2017-08-02（2）.

[23] 习近平. 在中国科学院第十九次院士大会、中国工程院第十四次院士大会上的讲话[N]. 人民日报，2018-05-29（2）.

[24] 蔡自兴. 人工智能助新基建数字化转型[N]. 光明日报，2020-04-02（16）.

[25] 中国科学院颠覆性技术创新研究组. 颠覆性技术创新研究：信息科技领域[M]. 北京：科学出版社，2018.

[26] 李平. 颠覆性创新的机理性研究[M]. 北京：经济管理出版社，2017.

[27] 李刚，等. 颠覆性技术创新：理论与中国实践[M]. 北京：社会科学文献出版

社，2018.

[28] 周志敏，纪爱华. 人工智能——改变未来的颠覆性技术[M]. 北京：人民邮电出版社，2017.

[29] 石海明，贾珍珍. 人工智能颠覆未来战争[M]. 北京：人民出版社，2019.

[30] 董西成. 大数据技术体系详解：原理、架构与实践[M]. 北京：机械工业出版社，2019.

[31] 林康平，王磊. 云计算技术[M]. 北京：人民邮电出版社，2017.

[32] 宋航. 万物互联：物联网核心技术与安全[M]. 北京：清华大学出版社，2019.

[33] 魏青松. 增材制造技术原理及应用[M]. 北京：科学出版社，2017.

[34] 王志勇，党晓玲，刘长利，等. 颠覆性技术的基本特征与国外研究的主要做法[J]. 国防科技，2015，36（3）：14-17.

[35] 朱小宁. 以颠覆性技术夺取军事竞争制高点[N]. 中国国防报，2017-05-18（4）.

[36] 孙永福，王礼恒，孙棕檀，等. 引发产业变革的颠覆性技术内涵与遴选研究[J]. 中国工程科学，2017，19（5）：9-16.

[37] 詹璇，贾道金. 颠覆性技术如何改变战争规则[N]. 解放军报，2017-06-23（11）.

[38] 王超，许海云，方曙. 颠覆性技术识别与预测方法研究进展[J]. 科技进步与对策，2018，35（9）：152-160.

[39] 张守明，张斌，张笔峰，等. 颠覆性技术的特征与预见方法[J]. 科技导报，2019，37（19）：19-25.

[40] 吴集，刘书雷. 探索智能化时代颠覆性技术与新军事变革发展[J]. 国防科技，2019，40（6）：7-11.

[41] 李宪港，张元涛，王方芳. 颠覆性技术如何改变后装保障[N]. 解放军报，2020-01-09（7）.

[42] 许泽浩. 颠覆性技术的选择及管理对策研究[D]. 广州：广东工业大学，2017.

[43] 孟文蓍. 颠覆性技术及其影响研究[D]. 徐州：中国矿业大学，2016.

[44] 赵格. 基于多源异构数据的颠覆性技术识别[D]. 武汉：华中科技大学，2017.

[45] 伍霞. 颠覆性技术扩散模型构建及影响趋势分析研究[D]. 镇江：江苏科技大学，2018.

[46] 谭晓萌. 颠覆性技术创新研究[D]. 郑州：郑州大学，2019.

[47] 曹淑敏. 全球 5G 深度融合势不可挡[N]. 科技日报，2019-11-18（1）.

[48] 尹丽波. 人工智能发展报告（2018—2019）[M]. 北京：社会科学文献出版社，2019.

[49] 吴月辉. 我国开通全球首条量子通信干线[N]. 人民日报，2017-09-30（7）.

[50] 王延斌. 我科学家创造光纤量子通信新纪录[N]. 科技日报，2020-03-04（1）.

[51] 常河，丁一鸣. 我科学家确立"量子计算优越性"里程碑[N]. 光明日报，2020-12-04（1）.

[52] 吴月辉. 人工智能，有了定制"大脑"[N]. 人民日报，2016-03-23（23）.

[53] 刘园园. 发展人工智能芯片 中国不能"偏科"[N]. 科技日报，2019-07-08（1）.

[54] 宋笛. 基于深度学习的 AI 技术已触及天花板[N]. 经济观察报，2019-05-27（1）.

[55] 国家统计局，科学技术部，财政部. 2019 年全国科技经费投入统计公报[R/OL]. （2020-08-27）[2021-04-01]. http://www.stats.gov.cn/tjsj/zxfb/202008/t20200827_1786198.html.

[56] 温竞华. 中国科技人力资源总量稳居世界第一[N]. 人民日报（海外版），2020-08-13（2）.

[57] 无人车的智慧大比拼——"跨越险阻 2014"首届地面无人平台挑战赛目击记[N]. 解放军报，2014-09-27（5）.

[58] "跨越险阻 2016"地面无人系统挑战赛精彩落幕[N]. 解放军报，2016-10-19（1）.

[59] "跨越险阻 2018"陆上无人系统挑战赛举行[N]. 解放军报，2018-09-19（2）.

[60] Bower J L, Christensen C M. Disruptive technologies：catching the wave. Harvard Business Review, January-February 1995：43-53.

[61] 中国航天科工集团第三研究院三一〇所. 自主系统与人工智能领域科技发展报告（2016）[M]. 北京：国防工业出版社，2017.

[62] 中国航天科工集团第三研究院三一〇所. 自主系统与人工智能领域科技发展报告（2017）[M]. 北京：国防工业出版社，2018.

[63] 中国航天科工集团第三研究院三一〇所. 自主系统与人工智能领域科技发展报告（2018）[M]. 北京：国防工业出版社，2019.

[64] 樊琳，沈卫，王磊. 颠覆性技术对美国国防战略的影响[J]. 国防，2014（2）：73-75.

[65] 李雅琼. 美国《国防》杂志总结出十大颠覆性技术[J]. 防务视点，2015（1）：56-59.

[66] Unmanned Aerial Vehicles Roadmap 2000−2025[R/OL]. 2001[2021-04-01].https://www.pdfdrive.com/unmanned-aerial-vehicles-roadmap-2000-2025-e53680271.html.

[67]　Unmanned Aerial Vehicles Roadmap 2002−2027[R/OL]. 2002[2021-04-01]. https://www.pdfdrive.com/unmanned-aerial-vehicles-roadmap-e57961904.html.

[68]　Unmanned Aircraft Systems Roadmap 2005−2030[R/OL]. 2005[2021-04-01]. https://www.pdfdrive.com/unmanned-aircraft-systems-roadmap-2005-2030-federation-of-e14272630.html.

[69]　Unmanned Systems Roadmap 2007−2032[R/OL]. 2007[2021-04-01]. https://www.pdfdrive.com/unmanned-systems-roadmap-2007-2032-e57558510.html.

[70]　Unmanned Systems Integrated Roadmap 2009−2034[R/OL]. 2009[2021-04-01]. https://www.pdfdrive.com/fy20092034-unmanned-systems-integrated-roadmap-e17870049.html.

[71]　Unmanned Systems Integrated Roadmap 2011−2036[R/OL]. 2011[2021-04-01]. https://www.pdfdrive.com/unmanned-systems-integrated-roadmap-fy2011-2036-e16902738.html.

[72]　Unmanned Systems Integrated Roadmap 2013−2038[R/OL]. 2013[2021-04-01]. https://www.pdfdrive.com/unmanned-systems-integrated-roadmap-fy2013-2038-e46806116.html.

[73]　Unmanned Systems Integrated Roadmap 2017−2042[R/OL]. 2018[2021-04-01]. https://www.pdfdrive.com/unmanned-systems-integrated-roadmap-2017-2042-e133718138.html.

[74]　彭春燕. 日本设立颠覆性技术创新计划　探索科技计划管理改革[J]. 中国科技论坛，2015（4）：141-147.

[75]　杜子亮. DARPA 下一代人工智能技术发展与军事应用研究[J]. 中国军事科学，2019（3）：42.

[76]　科技日报社国际部. 引智慧 为世用——2019 年世界科技发展回顾·人工智能、机器人、自动驾驶[N]. 科技日报，2020-01-09（2）.

[77]　科技日报社国际部. 研生理 惠生命——2019 年世界科技发展回顾·生物技术[N]. 科技日报，2020-01-08（2）.

[78]　张梦然. 可编程量子计算机再现"量子霸权"[N]. 科技日报，2019-10-24（2）.

[79]　张梦然. 科研团队研发出"万物 DNA"材料[N]. 科技日报，2019-12-10（2）.

[80]　焦士俊，王冰切，刘剑豪，等. 国内外无人机蜂群研究现状综述[J]. 航天电子对抗，2019（1）：61-64.

[81]　袁成. 外军无人机蜂群技术发展态势与应用前景[N]. 中国航空报，2018-11-06（5）.

[82]　潘金宽. 俄军重型无人机发展现状[J]. 军事文摘，2019（17）：26.

[83] 姚小锴，潘金桥，单敏. 扭转伊德利卜战局的"主角"——土军"春天之盾"行动中的无人机运用[N]. 解放军报，2020-11-05（11）.

[84] 凌玉龙，成次敏. 频繁亮相，无人机进入"常态运用"时代[N]. 解放军报，2020-11-05（11）.

[85] U.S.Army. The U.S. Army Robotic and Autonomous Systems Strategy[R].2017：2.

[86] 薛晓芳. 美陆军发布《陆军战略》[EB/OL]. "国防科技要闻"公众号，2018-12-03.

[87] 中共十九届五中全会在京举行[N]. 人民日报，2020-10-30（1）.

[88] 克劳塞维茨. 战争论：第 1 卷[M]. 军事科学院，译. 2 版. 北京：解放军出版社，2018.

[89] 荆象新，锁兴文，耿义峰. 颠覆性技术发展综述及若干启示[J]. 国防科技，2015，36（3）：11.

[90] Christensen，Clayton M. The Innovator's Dilemma：When New Technologies Cause Great Firms to Fail[M]. Boston：Harvard Business School Press，1997.

[91] Christensen，Clayton M. & Raynor，Michael E. The Innovator's Solution：Creating and Sustaining Successful Growth[M]. Boston：Harvard Business Review Press，2003.

[92] National Research Council. Persistent Forecasting of Disruptive technologies[R/OL]. 2010[2021-04-01]. https://www.pdfdrive.com/persistent-forecasting-of-disruptive-technologies-d185054185.html.

[93] Center for a New American Security. Game Changers：Disruptive Technology and U.S.Defense Strategy[R/OL].2013[2021-04-01]. https://www.cnas.org/publications/reports/game-changers-disruptive-technology-and-u-s-defense-strategy.

[94] 单文杰，李东昊，代坤. 颠覆性技术：改变游戏规则的驱动力量[J]. 卫星与网络，2015（11）：32.

[95] Center for Strategic and International Studies. Defense 2045-Assessing the Future Security Environment and Implications for Defense Policymakers[R/OL]. 2015[2021-04-01]. https://www.csis.org/analysis/defense-2045.

[96] National Intelligence Council. Disruptive Civil Technologies：Six Technologies with Potential Impacts on US Interests Out to 2025[R/OL]. 2008[2021-04-01]. https://fas.org/

irp/nic/disruptive.pdf.

[97] Kostoff R N，Boylan R，Simons G R. Disruptive technology roadmaps[J]. Technological Forecasting and Social Change，2004，71（1）：141-159.

[98] 宋广收. 揭示颠覆性技术引发战术变革的规律[EB/OL]. "光明军事"公众号，2019-10-16.

[99] 李炳彦. 颠覆性技术与战争制胜机理[N]. 解放军报，2014-05-06（6）.

[100] 许三飞. 什么在改变未来战争游戏规则[N]. 解放军报，2017-03-16（7）.

[101] 蔡珏. 关于颠覆性技术发展的理性认知[J]. 国防科技，2016，37（5）：32.

[102] 宋广收. 颠覆性技术如何引发战术变革[N]. 解放军报，2020-03-03（7）.

[103] 蓝羽石. 物联网军事应用[M]. 北京：电子工业出版社，2012.

[104] 任仲文. 区块链——领导干部读本[M]. 北京：人民日报出版社，2018.

[105] 翟秀静，刘奎仁，韩庆. 新能源技术[M]. 3 版. 北京：化学工业出版社，2018.

[106] 郑佳，王旖旎，周思凡. 新材料[M]. 济南：山东科学技术出版社，2018.

[107] 吴勤，张梦湉. 影响导弹武器发展的颠覆性技术发展分析[J]. 战术导弹技术，2016（6）：9.

[108] 刘戟锋. 军事技术论[M]. 2 版. 北京：解放军出版社，2014.

[109] 卢林. 战术史纲要[M]. 2 版. 北京：解放军出版社，2008.

[110] 宋广收. 颠覆性技术引发战术变革[N]. 解放军报，2019-01-22（7）.

[111] T. N. 杜普伊. 武器和战争的演变[M]. 北京：军事科学出版社，1985.

[112] 周碧松. 军事装备史[M]. 北京：国防大学出版社，2015.

[113] 孙晔飞，聂其武. 颠覆传统的经典——"金属风暴"引发身管武器革命[J]. 国防科技，2005（2）：7.

[114] 赵小卓. 世界主要国家武器装备信息化建设思路[J]. 外国军事学术，2004（2）：56.

[115] 苗昊春，杨栓虎，袁军，等. 智能化弹药[M]. 北京：国防工业出版社，2014.

[116] 李补莲. 未来陆军武器装备发展趋势分析[J]. 国外坦克，2009（3）：10.

[117] 朱诗兵，胡欣杰. 军事信息技术及应用[M]. 北京：国防工业出版社，2018.

[118] 刘戟锋. 武器与战争——军事技术的历史演变[M]. 长沙：国防科技大学出版社，1992.

[119] 中国军事史编写组. 中国军事史：第 1 卷[M]. 北京：解放军出版社，1983.

[120] 军事科学院. 马克思恩格斯军事文集：第 1 卷[M]. 北京：战士出版社，1981.

[121] 宋广收. 颠覆性技术引发战术变革的历史考察及未来走向[J]. 中国军事科学，2019（5）：130-138.

[122] 军事科学院外军部. 外国武器发展简介[M]. 北京：中国对外翻译出版公司，1983.

[123] 吴春秋. 俄国军事史略（1547—1917）[M]. 北京：军事科学出版社，2015.

[124] 郭安华. 合同战斗发展史[M]. 2 版. 北京：解放军出版社，2008.

[125] 王海运. 苏军现代合同战斗的新特点[J]. 国防，1988（10）：26.

[126] 俞存华，杨歆. 美国陆军作战理论的演进[N]. 解放军报，2012-07-05（10）.

[127] 李大光. 影响未来战争演变的军事高技术[M]. 北京：兵器工业出版社，2011.

[128] 王花菊. 走近"基于信息系统体系作战能力"[N]. 解放军报，2011-08-25（10）.

[129] 阮智富，郭忠新. 现代汉语大词典[M]. 上海：上海辞书出版社，2009.

[130] 中国社会科学院语言研究所词典编辑室. 现代汉语词典[M]. 7 版. 北京：商务印书馆，2016.

[131] 金玉国. 中国战术史[M]. 2 版. 北京：解放军出版社，2008.

[132] 毛泽东军事文集：第 2 卷[M]. 北京：军事科学出版社、中央文献出版社，1993.

[133] 傅婉娟，杨文哲，许春雷. 智能化战争，不变在哪里[N]. 解放军报，2020-01-14（7）.

[134] 军事科学院. 马克思恩格斯军事文集：第 2 卷[M]. 北京：战士出版社，1981.

[135] 李章瑞，黄培义. 作战指挥发展史[M]. 北京：军事科学出版社，2003.

[136] 张志伟，周礼奎. 警惕信息中的"萨盖定律"[N]. 解放军报，2005-10-25（6）.

[137] 通苑. 美军筹划信息战的动向[J]. 继续教育，1996（6）：34.

[138] 宋广收. 重视战术对技术的反馈作用[N]. 解放军报，2020-02-25（7）.

[139] 罗阳，巩轶男，黄屹. 蜂群作战技术与反制措施跟踪与启示[J]. 飞航导弹，2018（8）：43.

[140] 林聪榕，张玉强. 智能化无人作战系统[M]. 长沙：国防科技大学出版社，2008.

[141] 吴明曦. 智能化战争：AI 军事畅想[M]. 北京：国防工业出版社，2020.

[142] 柴山. "蜂群"作战到底改变了什么[N]. 解放军报，2019-07-16（7）.

[143] 余凯，贾磊，陈雨强，等. 深度学习的昨天、今天和明天[J]. 计算机研究与发展，

2013，50（9）：1799.

[144] 陶峥嵘. 基于机器学习的行人检测[J]. 电子技术，2017（6）：52.

[145] 栗然，张锋奇，盛四清，等. 专家系统与人工神经网络的发展与结合[J]. 华北电力大学学报，1998，25（2）：40.

[146] 车先明，胡坚. 战术变革的技术动因与规律探析[J]. 中国军事科学，2005（6）：84-92.

[147] T.N.杜派，R.E.杜派. 哈珀-柯林斯世界军事历史全书[M]. 北京：中国友谊出版公司，1998.

[148] 樊高月. 伊拉克战争研究[M]. 北京：解放军出版社，2004.

[149] 蓝永蔚. 春秋时期的步兵[M]. 北京：中华书局，1979.

[150] 小戴维·佐克、罗宾·海厄姆. 简明战争史[M]. 北京：商务印书馆，1982.

[151] 帕·阿·罗特米斯特罗夫. 时代与坦克[M]. 王承旋，穆鸿铎，译. 北京：战士出版社，1981.

[152] 宋广收. 颠覆性技术"颠覆"战术变革[EB/OL]. "光明军事"公众号，2019-01-04.

[153] 陈秉才. 阵纪注释[M]. 何良臣，撰. 北京：军事科学出版社，1984.

[154] 彼得·W. 辛格. 机器人战争：机器人技术革命与21世纪的战争[M]. 李水生，侯松山，焦亮，等译. 北京：军事科学出版社，2013.

[155] 杨卫丽. 浅析国外人工智能技术发展现状与趋势[J]. 无人系统技术，2019（4）：54-58.

[156] 宋广收. 战术变革视野下的颠覆性技术如何发展[EB/OL]. "光明军事"公众号，2020-06-05.

[157] 朱雪玲. 认知神经科学及其军事应用[M]. 长沙：国防科技大学出版社，2017.

[158] 段海滨，邱华鑫，陈琳，等. 无人机自主集群技术研究展望[J]. 科技导报，2018，36（21）：91.

[159] 宋广收. 如何确保自主武器安全可控[N]. 解放军报，2020-08-18（7）.

[160] 朱洪波. 物联网，开启万物互联时代[N]. 人民日报，2020-03-17（20）.

[161] 徐宗本. 把握新一代信息技术的聚焦点[N]. 人民日报，2019-03-01（9）.

[162] 赛迪智库无线电管理研究所. 6G概念及愿景白皮书[R]. 2020.

[163] 刘垠. 我国正式启动6G技术研发工作[N]. 科技日报，2019-11-07（1）.

[164] 中国区块链技术产业发展论坛. 中国区块链技术和应用发展白皮书（2016）[R]. 2016-

10-18：5.

[165] 任仲文. 区块链——领导干部读本[M]. 北京：人民日报出版社，2018.

[166] 齐芳. "墨子号"实现基于纠缠的无中继千公里量子密钥分发[N]. 光明日报，2020-06-16（9）.

[167] 陈兴. 颠覆未来作战的前沿技术系列之量子信息技术[J]. 军事文摘，2015（7）：43.

[168] 梁晓龙，张桂强，吕娜. 无人机集群[M]. 西安：西北工业大学出版社，2018.

[169] 陈童. 人机交互：研究现状概述[EB/OL]. "人机与认知实验室"公众号，2017-05-29.

[170] 段海滨，邱华鑫. 基于群体智能的无人机集群自主控制[M]. 北京：科学出版社，2018.

[171] 申海. 集群智能及其应用[M]. 北京：科学出版社，2019.

[172] 段海滨，李沛. 基于生物群集行为的无人机集群控制[J]. 科技导报，2017，35（7）：22.

[173] 王群. 4D 打印及其军事应用前景[J]. 国防科技，2016，37（4）：36-39.

[174] 章翀，张乃千. 石墨烯：即将掀起一场能源革命[N]. 解放军报，2016-12-15（7）.

[175] 张自廉. 把握好构建作战部署的新要求[N]. 解放军报，2019-05-21（7）.

[176] 李明海. 智能化战争的制胜机理变在哪里[N]. 解放军报，2019-01-15（7）.

[177] 保罗·沙瑞尔. 无人军队：自主武器与未来战争[M]. 朱启超，王姝，龙坤，译. 北京：世界知识出版社，2019.

[178] 范志国，胡玉山. 美军"即时后勤补给"理论透析[J]. 外国军事学术，2003（9）：61.

[179] 乐汉华，熊亮. 加快转变军需保障力生成模式探析[J]. 军事经济研究，2011（10）：73.

[180] 中国兵器工业集团第二一〇研究所. 先进材料领域科技发展报告（2018）[M]. 北京：国防工业出版社，2019.

[181] 胡玉山. 智能化时代后勤保障啥模样[N]. 解放军报，2019-12-03（7）.

[182] 赵澄谋，姬鹏宏，刘洁，等. 世界典型国家推进军民融合的主要做法分析[J]. 科学学与科学技术管理，2005（10）：26-31.

[183] 译普赛斯技术咨询团队. 人工智能技术将改变美陆军车辆维修保障模式[EB/OL]. "保障前沿"公众号，2019-08-12.